做博弈人生的赢家

潘小辉◎编著

应急管理出版社

·北京·

图书在版编目（CIP）数据

做博弈人生的赢家／潘小辉编著 . ﹣﹣北京：应急管理出版社，2019

ISBN 978 - 7 - 5020 - 7426 - 5

Ⅰ.①做…　Ⅱ.①潘…　Ⅲ.①成功心理—通俗读物
Ⅳ.①B848.4 - 49

中国版本图书馆 CIP 数据核字（2019）第 065925 号

做博弈人生的赢家

编　　著	潘小辉	
责任编辑	高红勤	
封面设计	于　芳	

出版发行　应急管理出版社（北京市朝阳区芍药居 35 号　100029）
电　　话　010 - 84657898（总编室）　010 - 84657880（读者服务部）
网　　址　www. cciph. com. cn
印　　刷　三河市宏顺兴印务有限公司
经　　销　全国新华书店

开　　本　880mm×1230mm^1/$_{32}$　印张　6　字数　151 千字
版　　次　2020 年 1 月第 1 版　2020 年 1 月第 1 次印刷
社内编号　20180671　　　　　定价　32.80 元

为什么有的人神机妙算，处处巧制先机，做起事来无往不利？

为什么有的人进退维谷，常常贻误时机，做起事来捉襟见肘？

红尘人世，莫不博弈。人生就是由一局又一局的博弈组成的，你我皆在其中竞相争取高分。所以，人生是一场永不停止的博弈游戏，每一步进退都事关人生的成败。博弈的经典理论会指导我们如何为人处世，更好地掌握生存之道，这将对我们的生存与发展有很大的帮助。把博弈论中的精髓应用到生活和工作中，会让你的每一次决策和选择都更加理性和睿智，让你的人生更加精彩。

本书通过精彩的故事来剖析那些博弈论的"诡计"，告诉你怎样与他人相处，怎样适应并利用世界上的种种规则，怎样在这个过程中确立自己的人格和世界观，并因此改变对社会和生活的看法，使你学会以理性的视角和思路看待问题和解决问题，从而在事业和人生的大博弈中取得真正的成功。

愿这本书能帮助你了解智慧的处世之法。让弱者找到上升的空间，变得更加强大；让强者在施展拳脚时得到心灵的净化，从而构建更加和谐的家庭、团队关系，营造更加和谐的人际关系，找到自己向往的幸福人生。

潘小辉

2019年9月

目 录 Contents

第一章　生命不息，博弈不止

　　博弈，古代主要指下围棋，比喻为谋取利益而竞争。如果把博弈论推而广之，就不仅限于经济或政治领域。人们的日常工作和生活，甚至是生命的演化，都可以看作是永不停息的博弈决策过程。

　　若想在现代社会做一个成功者，就必须懂得运用博弈论。在现代社会，不懂得博弈论的人，就像在黑夜中摸索走路的人，永远不知道会跌倒在哪个沟坎里；而懂得博弈论并能将博弈策略运用自如的人，就会布出变化万端的棋局，搏出一个属于自己的精彩人生。

◆ 博弈无处不在

　　人生充满博弈。不论在生活中还是在工作中，不论是你与他人、你与社会，还是你与自然之间时时刻刻都面临着博弈。博弈的过程既是较量的过程也是选择的过程，特别是在人与人的博弈中，你与他们即是一场智慧的较量，互为攻守却又相互制约。你的合作伙伴、未来的伴侣乃至你的孩子都是既与你有一定的利益联系同时又会有矛盾冲突的人，因为他们有自己的选择方式。有时，养育孩子的过程也需要博弈。

　　早晨，等你手忙脚乱地做好早餐，把孩子从被窝里拽出来时，是否有这样的场面：

"宝贝，快点，该去幼儿园了！快起床，妈妈给你做了你最喜欢吃的蛋糕。"谁知，你的宝贝儿子非但不领情，反而抗议道："我才不吃那破玩意儿呢！你让我吃冰激凌我就起床。"

这可是大冬天哪！这时，爸爸大喝一声："不准吃！这么冷的天找病啊你？"

孩子"哇"的一声哭了，反而缩进被窝里，看来哄孩子上幼儿园又要泡汤了。

这时，父母就面临着和孩子之间的博弈。此时，怎么办呢？如果你不答应孩子的请求，孩子就去不成幼儿园；可是，如果答应孩子，吃冰激凌生病了不但去不成幼儿园，大人也因为要照顾他而无法去上班。

这时很明显，对孩子来硬的是不行的。此时，你也许会变个说法："乖，不哭，吃完蛋糕我就让你吃冰激凌。"可是，儿子才不吃这套呢。"吃完饭肚子饱了，怎么吃冰激凌啊？"于是，你只得让步："吃一半蛋糕我就让你吃。"这样，儿子才开始吃蛋糕了。

但你还有自己的主意——吃完蛋糕后让他喝奶，那样他就不能吃冰激凌了。儿子发现了你的企图，抗议道："你要是骗人，明天早晨我绝食。"于是，你只能再次和他交涉："你不是怕打针吗？这么冷的天，冰激凌吃多了会肚子痛。那样，幼儿园阿姨会把你送医院打针的。"

这一招很见效，因为穿白大褂的医生往往是孩子最害怕的。于是儿子沉默了一会儿，伸出小手说："那拉钩儿吧！让我一星期吃一次冰激凌。"至此，皆大欢喜，家庭问题解决了，你可以安心去上班了。

由此可见，在社会生活中，博弈可以说无处不在。小小的家庭中每天都在上演着儿女和父母之间的博弈。小孩子从一生下来似乎就懂得了和家长的博弈。

虽然这只是生活中的小事，可是当你身不由己地去做一些自己不情愿的事情时，该怎么办呢？这时就需要运用博弈的艺术了。不论在家庭还是在社会上，每个人都是博弈中的一员，正所谓无时无刻不博弈。

因为博弈的主体是人，人在掌握和操控着博弈的进程和结局。当多方博弈时，利害双方应该平等协商，达成共识。

例如重庆出租车罢运事件，这是出租车司机和出租车管理机关、出租车公司乃至重庆市民之间的一场博弈。出租车司机收入被不断盘剥、生活越来越困难，虽然事出有因，可是，却造成重庆市民出行受阻，重庆市民成了罢运的最直接受害者。

司机们难道只有通过制造这类群体性事件才能实现他们的诉求吗？为什么出租车管理机关、出租车公司、司机三方不能通过平等对话来解决问题呢？虽然通过协商后解决了问题，但是，终究对社会产生了不好的影响，也损害了民众的利益。对出租车司机来说，虽然出租车管理机关出面道歉了，也解决了他们的困难，但是两天罢运所造成的损失谁又能给他们弥补呢？如此说来，罢运的结果并不尽如人意，但为何不得不上演呢？

人与人之间、个体与集体之间都存在博弈。有博弈出现就会有博弈的智慧产生，这种智慧就是解决问题的手段和方法。当矛盾和问题得以解决后，博弈各方就会增加了解，使得沟通更加顺畅。从这个角度来看，博弈并非坏事。

◆ 博弈可以让利益最大化

有个人听说当地有位贵人，很有学识、身份，又肯帮衬、周济有困难的人，受到人们的赞扬与爱戴。于是，这个人便极力巴结，逢人便说，"那位贵人就是我的兄长，待我如亲兄弟"云云。尽管人们从来没有听说过他有这样一位无限风光的哥哥，但是看他说得十分起劲，便也没有反驳，随他说去。

后来，他的"这位兄长"欠了别人的债，于是，这个人又到处对人讲："这人不是我哥哥。"

人们听了后说："你怎么反复无常呢？他风光的时候，你称他为兄长，现在他倒霉了，又说不是兄长了呢？到底他是不是你的兄长？"

看到众人纷纷谴责他，这个人实话实说："我之所以这样说，事出有因哪！以前他有钱财，认他为兄长可以沾光；现在他成了穷光蛋，再称其为兄长就会连累我。我还有必要称他为兄长吗？"

也许人们听了这番话，都会嘲笑这个见利忘义的无耻之徒。其实，在这个世界上，利益无处不在。每个人从出生到成长都离不开利益之争。人一接触社会并开始工作就会特别在意利益关系。读大学时，为了拿奖学金而拼命学习，这是追求物质利益的体现；工作之后，在岗位上吃苦耐劳努力工作也是追求物质的体现。总之，人类的喜怒哀乐就是利益得失的一种表现形式。

特别是在发展市场经济的时代，利益关系无处不在，有利益存在就有博弈存在。在企业单位，员工和老板之间也存在着博弈关系。员工总是想拿高薪，老板却千方百计地想让员工少拿工资多干活儿。在政府机关，评职称升职时也面临着博弈。一个升迁的名额被他人占去，自己有可能永远失去升迁的机会。在组织中，同事之间因为利益的接触更频繁且更隐秘，你处事的方法都存在着微妙的利益关系。如果很主观地说同事或领导的不足之处，日后就可能被同事和领导当作把柄来对付你。即便在生活中，与朋友亲人邻里之间的接触也同样充满了博弈。在生活中常见的有兄弟姐妹为争夺遗产斗得你死我活，誓死不相往来的。在邻里之间，有他人对你的房产和土地图谋已久，总想尽量多占用你的东西，这也是一种博弈。由此可见，如果没有了利益，很多事物也就没有了存在的必要。因此可以说，利益时刻围绕在我们身边，生活之中充满了博弈。不论在个人和集体间，还是在社会和组织间，在公民和政府间，博弈可以说无处不在。

既然有利益之争，就需要博弈。为了让利益往好的方向发展，为了争取自己的利益最大化，人们就会运用自己的智慧来博弈。

拿最简单的聚会就餐来说，如果第一次是你埋单，你并不会计较，但如果永远都是由你埋单那你就会有所不满。因为你损失的超出了你的心理承受范围，必然会导致以后不参加那样的聚会。或者即便参加，也会表达自己的意见，要改变让自己埋单的方式。这就是较量和博弈，因为你要让自己的利益不受损失，并且争取最大化的利益。

有些人认为，既然要争取一方的利益最大化，那么，在资源有限的情况下，他人的利益肯定要受到损害。在这种思想的支配下，那么在与他人的交往中，必定会把他人看成妨碍自己利益最大化的对手，处处防范，加以抵制。在企业的经营中，就会大打价格战，把其他企业置于死地。这些都是错误的博弈做法。

一般来说，人与人之间的利害关系可分为4种：利人利己、损人利己、损己利人、损人损己。从经济学的角度来看，损人利己与损己利人是同时发生的。如果有一个人在损己利人，必然相对应的就有另外一个人在损人利己。反过来也是一样的道理。结果就是，损人利己与损己利人在某种程度上是一个意思。曾经，在农村，有些霸道的乡镇干部不是欺压农民乱收费，就是拖欠教师和一些基层公务员的工资等，结果自己也会遭到报复。比如，霸道的乡镇干部的庄稼会被人莫名其妙地割除，鸡鸭会莫名其妙地消失。这就是损人损己的最好例子，但这不是博弈的真正目的。

虽然，人都有趋利的一面，但博弈不是你死我活的红海厮杀，更不是热血冲动的产物，也不为产生你输我赢或者我输他赢的结局。博弈是一种为了利益进行的理性的较量，是通过发挥各自的聪明才智让双方利益最大化的过程，这才是博弈的真谛。因此，在利己的同时，还应该看看自己的行为会不会给他人、集体、国家带来损害。在趋利的同时，更要做到避害，千万不要做那些利己不成反损己的傻事。

那么，选择哪种博弈方式才能让自己利益最大化呢？

每一个有社会生活经验的人都知道，一个人要想从他人那里获得利益（某种产品或者某种服务）有4种方式：一是和他人交换；二是从他人那里强取；三是向他人乞讨；四是他人心甘情愿地给你。

一个人利益的获得不能主要依靠后三种方式。因此，如果想交换到更多产品和服务，就必须为其他人提供比较多的产品和服务，来和他人进行交换。就像美国人购买中国大量的价廉物美的纺织品、鞋子、帽子、皮包一样，虽然他们要支出钞票，但是，当中国人富裕时，人们才能更多地购买他们的麦当劳、可口可乐、微软、波音飞机等产品。只有培养好对方的生产能力和消费能力才能获取更多的利益。

在当今的中国乃至世界，如果单纯选择争利性博弈，则很可能满盘皆输。只有互利性博弈才能让各方的利益最大化。如果选择互利性方式，互相分工合作，则会给博弈各方都带来很大好处。这样，就有助于促成所有成员在博弈中达到均衡态，最大限度地满足社会成员的各自利益。尤其在人与人的交往中，利人利己方能创造更大财富。

当然，利益也有物质利益和精神利益之分。因此，在争取物质利益的同时应不忘对精神利益和自己的品牌形象的重视。

◆ 让自己永远都处于领先地位

有些人可能认为，人们之间为什么要有利益之争呢？难道不能顺其自然地发展吗？这是一种美好的愿望，但又是十分天真的想法。

人生就是一场棋局，每个人的命运都与各种各样的局连在一起。

在一个人的成长过程中，许多外界因素在影响着你。每一个生活在社会中的人，都会面对很多东西，这中间有很大部分是自然物，河流、山川、土地、空气之类；还有很大部分是人造物，比如服装、餐饮、法律、政府、学校等。人们生活在其中，就要受到这些外在环境的影响，而且，这些外在环境的变化不是你能够左右的。很多时候，外界的不确定性需要你作出选择，这种选择就是一种博弈。

这种选择看起来简单，却很难操作。特别是当你遇到一些对自己不利的处境时，如果稍有疏忽做出不慎的选择，就可能使自己或你所代表的组织利益受损。在这种情况下，如果你屈从于命运的摆布，让外界环境左右你，那么你一生都会妥协于命运。许多人在逆境中都选择了沉沦、颓废甚至自杀等，这就是屈从于外界环境的人生悲剧。但是，如果主动选择最有利于自己的时机和条件，你的命运就会柳暗花明。而博弈，就是与命运相抗，通过抗争为自己赢得一个更加开阔的发展空间。

在电视剧《猎鹰1949》中，燕双鹰就是一个在博弈中取胜的人。他是一个打入敌人内部的地下工作者，也是一名忠心耿耿的共产党员。可是，敌人要栽赃陷害他，不明真相的共产党人也开始怀疑他。这些外在的客观环境都不是他能够左右的。

此时，如果他被动地等待命运的罗网将他降服，那他的人生注定会是一场悲剧。所以，他必须要奋起抗争。他不仅要和国民党军统特务博弈，而且还要和怀疑自己的共产党人博弈，和比自己强大百倍的双方势力进行博弈。在面临生死存亡的关头，他设法去重庆捣毁敌人播撒霍乱病毒的计划，他要用实际行动证明自己是一名真正的共产党人。他的博弈，不只是为了生存，还为了还自己清白，更为了不辱一名共产党人的使命。

想要在这种莫测的环境中取胜，从困境中解脱，把握先发优势不失为一种好方法。

随着世界经济一体化的高速发展，如今各国、各行各业的竞争都是空前绝后的激烈。表现最明显的就是在国际竞争中，西方强国总是利用它们特殊的"权力"来制定一些"国际规则"，从而让其他小国跟着它们的步伐走，倘若不从就对小国采用"特殊手段"。因为他们掌握了制定规则的先发优势，因此，弱国一直以来都受到强国的欺压。

国家的发展如此，个人的发展也是如此。

在博弈中，需要做到知己知彼。"知己"与"知彼"是在博弈中保持冷静、正确推理与计算的前提。因此，你不但要了解自己，而且还要了解对方，熟悉对方的做事方法、目标、强项以及弱点。当自己作出可能的策略后，能够大致估计出对方会有什么反应，以及自己可以实现收益的可能性有多大等。只有猜透了对手的心思，才能使自己胸有成竹，从而让自己做到有备无患。

此外，"知彼"还要求人们学会站在对方的角度来考虑问题。有时，对手和自己一样，也具有十分高明的理性分析能力，他们也想通过策略来达到自己的目标，也有可能猜到了你的心思而设下埋伏，故意引你进入圈套。因此，任何时候都要小心免得掉进别人的局里，成为牺牲品。

在股票交易市场，当你看到他人争先恐后地买进时，自己也会被现场那种你追我赶的气氛所感染，不管三七二十一倾囊而出，甚至顾不上考虑这只股票是不是绩优股，是否值得自己投入。实际上，这样的投入就属于不理智。因为你对自己购买的股票不够了解，不清楚各种情况下的收益有多少，只是随大溜儿的心理使然。在这种情况下，一不留神就跑到了自己计划投资的界限之外，甚至有可能被别有用心的人利用。在金融证券行业，投资者血本无归的惨剧，就是因为缺乏理性分析被那些金融大鳄套牢的。因此，在投资时，更需要保持理智和清醒。

如果一个人只从自己的角度考虑问题并采取策略，是很难取胜的。也应该从双方的角度去考虑问题再做出决定。当然，为对手考虑并不是让你去迁就他人，一味地迁就对方，自己的利益很可能会受到损失，为对手考虑是要你通过了解对方来调整自己的策略，从而实现自己的目标和达到利益的最大化。

社会的复杂性不仅需要每个人学会在社会中生存的博弈之道，而且要让自己永远都处于领先地位，还需要增强自己的实力，那样才能在博弈中真正取胜。

◆ 新的时代呼唤博弈精神

"人生能有几回搏"，是我国第一个体育世界冠军容国团喊出的。铮铮誓言激发着许多人不断刷新人生跑道上的一个个纪录。

的确，人的一生相对于历史长河只是短暂的瞬间。一个人在一生中，关键的转折点没有几个。求学、恋爱、择业这三部曲可以说是人生中的关键时刻。在这几个关键阶段都需要博弈。何况，机遇并不会垂青于某一个人。因此，关键阶段的博弈会对你的一生产生重大的影响。不搏就无法生存，不搏就永远没有出头之日。如果你判断失误，选择错误，会让自己的一生暗淡无光。因此，想要在历史时空中发出璀璨的光亮，只有一个方法：抓住转瞬即逝的机遇，奋勇地搏击。

人生不是顺境的永久延续，总要经历许许多多的困难、坎坷和曲折。如果认命，不去博弈，人生就会被他人所操纵。懦弱退缩者、自暴自弃者最终会一事无成。

其实，成功与不成功，永远都不是定数，而是一个变数。人的可贵，在于通过百分之百的"搏"，将成功的概率提高到最大值。邓小平同志总结深圳成功经验时指出："没有一点闯的精神，没有一点'冒'的精神，没有一股气呀、劲呀，就走不出一条好路，走不出一条新路，就干不出新的事业。"只有奋发进取、勇于搏击者才会扭转困局、有所作为，甚至名垂青史。

在自然界中，生物学家经过观察发现，雌鸟有一种潜在的本能去寻找基因优良的雄鸟，这样它们的后代才会有优良的基因。那么，那些长着鲜艳而厚实羽毛的雄鸟岂不是很幸运了吗？但是，正因为雄鸟的羽毛太醒目才更容易被猎人发现，很容易被抓获。即便这样，雄鸟也要冒着生命危险来表现自己的飒爽英姿，吸引雌鸟并且与之交配。因为如果不这样，就无法完成传宗接代的任务，鸟类就会灭绝。

尽管厚重的羽毛对于鸟类的生存来说是一个很大的威胁，但是为了繁衍出强健的后代，它们决定冒死一搏。雄鸟们必须要在和猎人的博弈中取得胜利，这就是那些雄鸟们的勇气。

动物生存是这样，一个人、一个组织的生存和发展也需要拼命去搏。只有在和他人的博弈中、在和环境的抗衡中、在智慧的较量中，才能锻炼自己、彰显自己。

◆ 博得主动权者得胜利

中国有句古话，叫作"先下手为强"，这就是主动的作用。博弈就是竞争，而竞争的结局往往是以掌握主动权的一方获胜、失去主动权的一方以失败而告终。因此可以说，谁夺得了主动权，谁就会成为局势的主宰、胜利的主宰。

我们要获取成功，绝不能奢望机会会自己找上门来。不管是工作、生活，还是为人处世，对于自己应该做的事，都要主动去做。积极主动能为自己赢得空间，成就人生。即使撞大运，也要主动做好撞大运的准备。那样，机会才会垂青于你。

主动就要先发制人。因为，你身边的那些人和组织团体，他们的选择和决策会直接对你产生影响。如果他人早你一步做出选择，那么你在和他人的博弈中就会处于被动地位。特别是当你面对竞争对手时，掌握先发优势才能掌握博弈的主动权。利用先发优势，不仅能够解除困境，还可能反败为胜，收获意想不到的惊喜。这才是在博弈中实现收益最大化的基本条件。否则，"一步跟不上，步步跟不上"。一个人处于被动局面的时候，就像背着一个不定时炸弹，不知道什么时候就会爆炸。因此，主动权一定要掌握在自己手中，掌握了主动权也就掌握了生存权！只有这样，才能掌控好事情的程度、进度。

主动权就是控制局面的能力。凡是成功者，必然懂得如何将局面牢牢地掌握在自己的手中。争取主动权更多体现的是一种智慧和策略，因为这预示着你已经做好了快别人一步的准备。

掌握博弈的主动权不仅在于抢先一步抓住机会，还表现在创造机会上。一个真正想成功的人，就要主动去创造机会。倘若你现在正处于被动、不利的局面，就应该发挥你的才智和勇气尽早改变眼前的一切。特别是大环境不利时，不要被他人、被环境、被所谓的潜在规则牵着鼻子走，而是要运用智慧和策略，用你的行动影响、改变这一切。

唐朝的裴略出身高官之家，头脑灵活，为人机警，当了两年多的宫中侍卫，长了很多见识。这一年，裴略参加了兵部主办的武官考试，自我感觉不错的他没想到竟名落孙山。气恼之余，裴略陡然升起一股不服输的念头，他想要去找宰相温彦博申诉。以裴略的身份和地位，和宰相温彦博可谓是天地之差。但是，裴略初生牛犊不怕虎，他就是要为自己争取一个扭转命运的机会。

那天，正巧兵部尚书杜如晦也在温家。裴略一见杜如晦也在座，感到机会难得。上前施礼后，便大言不惭地对温、杜二人说："我在宫中干了几年，长了不少见识，尤其记忆力极好，别人说一段话，我能一字不落地复述下来。如果在朝廷做个通事舍，我相信是非常称职的。"温彦博一听笑了起来，心想这人真是自命不凡。他看了看杜如晦，见他没有开口说话的意思，便对裴略说："太宗皇帝爱才惜才古今少有，但皇上量才录用，视能授职，要通过考试程序。前不久兵部主办的考试你参加了吗？"裴略接话说："我不但参加了，而且考得很好；但也许是考官们那天喝多了酒，醉眼昏花，录取时把我的名字给弄丢了。"温彦博哈哈大笑，对杜如晦说："你看，有人到这儿来告你兵部的状了。"杜如晦从容地说道："年轻人，你考得也许是不错，但别人考得更不错哩，这次没被录取，下次再考嘛。"裴略一听，要没戏，他当然不甘心，于是大声说："现在你们就可考我。我会写诗作赋，不信，您出题试试？"

当裴略按照温彦博的要求，脱口而出作了一首以"竹"为题的诗词后，温彦博和杜如晦均露出赞许的目光。可是，温彦博心想：也许裴略曾经作过这个题目的诗，便决定换个题目，于是又指着屏风对裴略说："你再以屏风为题作诗一首，好吗？"

裴略随即缓缓走到屏风前，口中吟道："高下八九尺，东西六七步。突兀当厅坐，几许遮贤路。"他裴略吟诵完后，突然亮开嗓门大声说："当今圣明在上，大敞四门以待天下士人，君是何人竟在此妨贤？"话音刚落，伸出双手"哗"的一声，将屏风推倒在地。

裴略语出惊人，行动更是出人意料。温彦博笑着对杜如晦说："你听出来没有？年轻人的意思是讽刺我温彦博哩。"裴略随即，一面比画着自己的臂膀和肚皮，一面说："不但刺膊（博），还刺肚（杜）呢。"温彦博和杜如晦不觉被他的机敏逗得哈哈大笑。

正是由于裴略关键时刻敢于表现自己，在与温彦博和杜如晦的博弈中才取得了胜利，为自己赢得了人生的转机。没过几天，裴略被朝廷授予陪戎校尉，这是武职中一个从九品的小官。官职虽小，但裴略毕竟是正式进入了仕途。

要想取得人生博弈的成功，通过博弈让人生扭转，发射出灿烂的光芒，就必须让自己拥有积极主动的意识。成功者与不成功者的最大区别，就在于成功者做人、做事都积极主动，而不成功的人则多半消极被动。所以做人、做事要主动，只要积极主动地思考和行动，就会找到一条完善自我、通向成功的路。而犹豫不前，终将让你悔不当初。犹豫换来的不过是李商隐说的："此情可待成追忆，只是当时已惘然。"

现实中许多成功人士的经验告诉我们，打开成功大门的金钥匙完全把握在自己的手里。

"80后"刘琦开，一个正在上大三的、一文不名的穷学生竟然开了家外贸公司，而且出人意料的是，他居然从大名鼎鼎的汇丰银行融得了资金。

别人连想都不敢想的事情他居然做到了。靠什么？胆量。

2004年寒假，刘琦开从学外贸的同学那里学到了不少外贸知识，便决定开一家外贸公司。但是要想做外贸，必须拿到进出口权，不但报批手续烦琐而且花费时间又长，刘琦开灵光一闪：注册一个外资公司！

可既然是外资公司，在哪儿开银行账户呢？国内银行的外汇管制相当严格，刘琦开正在上学，没有那么多时间应付烦琐的查询。一个大胆的念头产生了——找汇丰银行！于是，刘琦开一个电话打过去。

"小姐您好，我想确认一下商务部陈先生和泰科股份有限公司刘琦开先生预约的时间是今天下午吗？"秘书听到刘琦开标准的英国腔，彬彬有礼地回答道："对不起，我再核实一下。"

其实根本没什么预约，一切都只是刘琦开无中生有。因为普通公司想在汇丰开户至少得保证年资金流通在500万美元以上，于是，刘琦开大胆地绕过普通职员直奔高层主管。两次电话后，秘书小姐和主管都以为是自己记性不好，于是刘琦开听到了一个令人振奋的消息："请刘先生下午3点半到公司面谈。"

当天下午，刘琦开来到汇丰银行驻中国总代表处，虽然初次来到这里有点晕头转向，但他还是定了定神，用流畅的英语开始了他的商业计划陈述。4个小时后，英国人竟然答应向刘琦开融资100万美元。顿时，刘琦开激动得想飞起来。汇丰融资的成功更加坚定了刘琦开的信心。

此后，听到汇丰能给他融资，其他外资银行也对他刮目相看。可是，几天后，当汇丰终于认可他的项目计划书时，刘琦开却开始讨价还价："从资金这个角度来说，汇丰比较有优势；从服务上来说，汇丰的手续费是5%，渣打却是2.1%。"最终，他从汇丰拿到了资金，由渣打银行提供服务。一个学生能够获得两家外资银行的投资服务，看惯商场风云的英国人慨叹道："活了40年，我第一次看到你这样敢作敢为的年轻人。"

正是因为主动博弈，在大学生创业队伍中，刘琦开迅速崛起成了创业明星。

在人生的博弈中，不论你追求的方向是什么，看准了自己的路就需要主动去搏击。只有主动才能把握住前进机会；只有主动才能超越一个又一个的对手；只有主动才能在这一场人生的比赛中成功！

第二章　思维定式决定输赢

人脑本来就是一个制造模式的系统，它依赖于早年形成的模式，所以人们最易趋向习惯。殊不知，有时候，这种惯性，会把人们拘禁于一个谨小慎微的牢笼之中。在博弈中，思维定式决定输赢。很多人在人生的博弈中难以成功，就是因为他们的思维建立在以往经验和知识基础之上，形成了心理定式，结果这种直线思维成了人们行动的障碍。

《易经·系辞》中说："曲成万物而不遗。"任何事物的发展都不是一条直线，人生的博弈也不可能是直线，在某种意义上说，人生的博弈也是曲折和间接的，"曲则全，枉则直"。有时，直接、直线办不成的事情，也许打一通"太极"反而可以圆满解决。这就是曲线思维给人生博弈的启示。精明的人在于看到直中之曲和曲中之直，并不失时机地把握事物迂回发展的规律，通过迂回应变，达到既定的目标。

◆ 改变思维才能赢

在人生的博弈中，一旦让一些的思维定式左右了你，就很容易处于被动地位，从而故步自封、因循守旧，墨守成规、抱残守缺。那样，不仅在生意合作中，即便在为人处世中也会处于不利的地位。

《笑林广记》中记载过这么一则笑话。

有个人去理发铺剃头，剃头匠给他剃得很草率。剃完后，这人不但什么也没说，反而付给剃头匠双倍的钱。剃头匠觉得此人阔绰大方，没费吹灰之力就赚了这么多钱，乐坏了。

于是，一个多月后的一天，这人又来理发铺剃头。为讨其欢心，剃头匠想，既然草率剃头都能令他满意，那么周到细致肯定会赢得不菲的收入，于是，便竭力上心。谁知这次剃完后，这人反而少给了他许多钱。

剃头匠不理解地问："上次我为您剃头，剃得很草率，您尚且给了我很多钱；今天我格外用心，为何反而少付钱呢？"这人不慌不忙地解释道："今天的剃头钱，上次我已经付给你了；今天给你的钱，正是上次的剃头费。"说着大笑而去。

这个剃头师傅就是按照自己的思维方式来判断客户的，他丝毫没有考虑客户的感受。甚至对客户的第一次阔绰出手很得意，以为自己占了天大的便宜，并且认为客户会和他一直合作下去，自己也会越赚越多。结果却事与愿违，显然，在与客户的博弈中剃头师傅失败了。

看起来令人不可思议的事却能发生，看起来顺理成章的事情却偏偏不是现实。这就是人们受思维定式的影响所致。如果你的大脑中像剃头师傅这样有一种固定的思维模式，那很可能会走进一条死胡同。

而故事中的这位客户，却没有损失什么。因为他的思维是逆向的，超出常人的思维之外。

由此可见，思维在于多思多维，从思维的各个层面出发，对事物进行多方面、多角度、多因素的系统考察。若想很好地运用博弈论，应要注意设身处地地考虑问题，就是站在对方的立场上去思考，也就是我们通常情况下所说的换位思考。只有这样，我们才能了解对方有哪几种可能的策略以及采用哪一种策略的可能性最大，从而使自己作出正确的决策。

明明是个20岁刚出头的小伙子，也是个出了名的杠子头。这天下班后，他看到街上有一群人在围观什么，于是他便凑过去看明情况，原来他们是在打赌。

只听被围在中间的那个人说道："你们信不信，我敢用我的牙齿咬我的眼睛？"明明听到这些，不信邪的念头促使他走过来想看个究竟。此时，那个打赌的人说："如果我赢了，你们可要出100元。谁敢打这个赌？"明明想证明一下自己判断是正确的，于是毫不犹豫地拿出100元说："好吧，让他们作证。"

可是，出乎明明意料的是，那个打赌的人不假思索地就把钱揣进了自己的口袋中。同时，取下右边的眼球送进嘴里就咬。原来，这是个玻璃义眼。

这个例子听上去也许有些极端，但其中的启示在于，在博弈中要多思多想，不能一条直线地按照自己的判断去思考。当然，要多思多想需要增加知识，增长见识。

我们可能都有过这样的体会：在高一的数学课中，老师让新生把6根火柴放在桌子上，组成4个等边三角形，许多人会认为无法做到。因为他们往往只能在初中所学的平面几何的范围里寻找答案，被这种思维定式所局限了。此时，老师却从立体三维空间的角度考虑，把6根火柴搭成一个正四面体，马上令学生们豁然开朗。原来问题那么简单。

因此，要想在博弈中取胜，就需要拥有这种新思路、新角度。看到别人看不到的新角度，或者提出别人没有提出的新见解。

在荷兰赌中，就体现着一种独特的思维，比如以1：2的赌注赌黑马赢，同时又以1：3的赌注赌黑马输。如果黑马赢，他输掉一份赌注同时赢得2份赌注，最后还剩1份赌注；如果黑马输，他输掉1份赌注同时赢得3份赌注，最后还剩2份赌注，无论黑马跑赢跑输他都坐赢不输，这就叫荷兰赌。它给我们的启示是一个人可以从新的角度出发，与众不同的思维方式可以让死棋走活，绝地逢生。

所谓"道可道，非常道"，道路可以行走，但不是通常的走法。独特的思维，不仅让自己永远与众不同，还能为成功的道路铺垫基石。

◆ 学会变通，灵活处世

直线思维，顾名思义，就是用直线的方式来考虑问题。由于直线思维者视野局限，思路狭窄，缺乏辩证性的思维方式。因此，虽然这种思维方式被认为可以最简洁地达到目的，但是如果外界环境变化了，还按照自己的直线思维方式，一直向前跑，无疑是不可行的。

我们知道，儿童因为智力发育不成熟，常常会出现这种现象：一周岁的幼儿隔着玻璃窗户看外面阳台上的玩具，就一直伸手过去，想穿过玻璃窗户去拿玩具。尽管妈妈一再说"这边过不去的，妈妈抱你从门口绕过去"，但小孩子就是不听，非得摸着玻璃过不去才肯罢休。她不明白，这是隔着玻璃，虽然看得到，但要过去，还得绕过去。这就是典型的直线思维的表现。

直线思维的人，就是认准目标，一定要通过窗户过去的人，不知道世上很多事物是相互关联影响的。

如果说婴幼儿智力发育不成熟，思维幼稚的话，成熟的大人们也经常犯这种直线思维的毛病。究其根源，是因为他们对大局关注较少，对事情的各种关联性了解太少，才会一门心思地认准目标不放松。

有个养奶牛的人。他过生日时想减少花销，用鲜牛奶来款待客人。可是他只有一头母牛产奶，到生日那天，人多奶少肯定不够喝。于是，这个人绞尽脑汁地想找到积蓄牛奶的办法。突然，一个神奇的想法闪现在脑海里：先将牛奶存储在母牛的腹中，不再挤出来。到宴请宾客时，当场把牛奶挤出来，既能满足数量又能保鲜，不就解决问题了嘛。

于是，这个自以为聪明的人就把正在吃奶的小牛和母牛分开，只喂小牛面糊，好保证奶牛到时候有足够的牛奶。

一个月后，他的生日宴会热闹非凡，凡是当地有头有脸的人物都出席了。宾客们纷纷要求品尝他美味的牛奶。因为他们平时可喝不到牛奶。

因此，这个人得意地宣布，他要把最珍贵的好牛奶拿出来，众人可以开怀畅饮。可是，母牛牵出来后，乳房已经干瘪。可想而知，这个人当时是多么狼狈。他对此大惑不解，认为小牛并没有喝奶牛的奶啊！

这位人的思维模式就是典型的直线思维方式：总认为小牛不喝奶就能保住充足的牛奶供应量，从来不会拐个弯想一想是否会发生其他情况。这种一厢情愿地按照自己的想法来支配奶牛的生活规律肯定行不通。

虽然在人们的生活中，不会出现像这类愚蠢的错误，但是，直线思维模式仍在许多人头脑中不同程度地存在着。

比如，有些人的人生之路比较曲折，他们常常埋怨，自己费了九牛二虎之力也不能尽如人意。为什么呢？有时，就是因为他们看问题、做事情的方法不对，总以直线思维的方式来看问题，他们总认为搭更长的桥就是要找更长的木板，从来没想到用其他方式来代替。他们对于某种理念过于专注，认准了的事就坚持到底，死不回头，一点儿灵活性都没有。在博弈中，凡是直线思维的人都是顽固、守旧、偏执的。

人生在世，要想夺取成功的桂冠，当然需要对目标的执着。但如果自身不具备实现这一目标的基本条件，那么，这么做就是不明智的。如果发觉一个主攻方向、一个发展目标不再适合自己，仍旧一味地固守、一条道走到黑，那不叫执着、坚定，那叫糊涂、蛮干。其实，一个非把每件事都做完不可的人，可能会导致生活没有规律、太过紧张。如果为了避免半途而废，很可能把自己封死在一份没有前途的工作上。因此，当我们在人生的路上举步维艰时，所要做的并不是坚持到底、一条路跑到黑，而是要停下来想一想，观察一下，问一问：选择的这个方向对不对？是不是已经到了应该放弃的时候？微软总裁比尔·盖茨曾经说过：如果开始没成功，再试一次。仍不成功，就应该放弃。愚蠢坚持毫无益处。

而且，直线思维的人，对螺旋式发展不能理解。在他们看来，事情的发展就应该奔着一个方向，沿着一条直线不停地前进，怎么可能会绕回到起点呢？因此，他们在困境和磨难面前不理解也没有毅力去"南征北战"和困难周旋。而且，他们也经常爱犯"冒进"和"过犹不及"的错误。

表现在博弈中，就是没有耐心，不懂周旋，当然对他人的曲线进攻也缺乏识破和防御。这种盲目的乐观，最后只能为他们带来不理想的局面。

直线思维的人即便是在与别人的交往中，也不注意沟通的灵活性，不注意了解对方想法产生的根源，并据此转变自己的观念。在这种思维的支配下，他们为人处世往往容易走极端，因此，也注定碰壁的概率会大大提高。

在组织中，有直线思维模式的领导，不是大红大紫就是大起大落。在他们看来，不赞同我的，对我持有异议的，就是反对我的，就要征服和消灭，一切都没有什么可以商量的余地。至于和稀泥的老好人更是为他们所不齿。他们的喜怒表情很容易表现出来，口无遮拦，因此也容易和下属发生正面冲突。如果是个直线思维的下属，上司代表公司来和他对话，他会视对方为敌对一方的代表，而不是视此人为沟通的桥梁。他喜欢用强硬态度，以示自己的不易征服。似乎这样就可以更有效地表达自己的不满，却不知道这有可能把自己向上的阶梯都送了。一旦他们决策失败，步入人生的低端，就免不了会有人落井下石。

直线思维就像一把刀，可以证明做事的效率和能力，开疆辟土，没有问题，但杀伤力很强，会伤害到其他人的感受和利益。由此看来，直线思维在人际关系的博弈中也是为人处世的大忌。

因此，要想在人生的博弈中处处顺利，就必须改变自己的思维方式，学会变通。不妨看看那些办事灵活的人们是怎样处理问题的，从他们身上学一手。不妨学学曲线思维方式，在做好事情的同时，还迎来一团和气。

◆ 一时的看法，不适用于所有时候

鹰王和鹰后打算在密林深处定居下来，于是就挑选了一棵又高又大、枝繁叶茂的橡树，在最高的一根树枝上开始筑巢，准备夏天在这儿孵养后代。

鼹鼠听到这个消息，大着胆子向鹰王提出警告："这棵橡树可不是安全的住所，它的根几乎烂光了，随时都有倒掉的危险，你们最好不要在这儿筑巢。"

"什么？我们世世代代都是居住在高大向阳的物体上，哪像你们，只配在地下做窝！"鹰王不屑地说。在鹰王看来，自己是在天上飞的动物，只在地下生活的鼹鼠怎能了解它们的生活习性。因此，它对鼹鼠的劝告置之不理，立刻动手筑巢，并且当天就把全家搬了进去。

一天早晨，正当太阳升起来的时候，外出打猎的鹰王带着丰盛的早餐飞回家来。然而，那棵橡树已经倒掉了，它的鹰后和它的子女都摔死了。

看见眼前的情景，鹰王悲痛不已，放声大哭道："为什么会这样？一只鼹鼠的警告竟会是这样准确！"

"轻视从下面来的忠告是愚蠢的。"谦恭的鼹鼠答道："你想一想，我就在地底下打洞，和树根十分接近，树根是好是坏，有谁还会比我知道得更清楚呢？"

鹰王的悲剧就是因为经验思维造成的，在他看来，自己的经验乃至祖辈流传下来的习惯就是绝对正确的，根本听不进他人的意见。尽管鼹鼠向它提示了某些方面的信息，但是，它没有想到利用这些信息指导自己的行动。因此，在鹰王和鼹鼠的博弈中，鹰王失败了。

在生活中，总有一些人倾向于从自己已经成功的经验出发来揣度所有事情，用生活中司空见惯的规律去看待事物。久而久之，这些人就形成了定式思维的模式，完全忽视了内部和外界的联系，忽略了原来那些固定的条件已经改变，总是以原来的经验来看问题。结果，套在失败的经验中爬不出来，失去了一次又一次唾手可得的机会。这种经验思维模式在博弈中被称为"酒吧博弈"。

酒吧博弈的理论模型大致是这样的：假如有100个人很喜欢泡吧，但是酒吧的容量有限，坐60个人时酒吧的气氛融洽，享受到的服务也最好。而如果去的人多了，就会导致大家都玩得不够尽兴，甚至会觉得不舒服，还不如留在家里。因此，这100个人每到周末就会根据以前的经验和自己的推测，预测酒吧的人数是否超过了60人，从而决定自己到底去不去酒吧；也有些人会简单假设，认为这个周末和上个周末相比酒吧里的人数会差不多，之后采用平均法，算出前几个周末酒吧人数的平均数；还有些人会采用反向猜测法，认为上个周末人多的话，那么这个周末人就会相对较少。不论用哪种方式，他们都是凭经验来推测判断。当然，这是不科学的，难免偏颇。这种思维在人生的博弈中，也注定不会取得胜利。

如果只是在游戏中，这种经验思维倒不至于损失多少。可是，生活中，爱犯经验主义的大多是位高权重的、见识广的、能力强的人。因为他们被成功的光环所笼罩，长此以往，就会不屑于听取别人的意见，表现出固执、刚愎自用的一面。

这类人对新事物、新人物、新现象、新趋势一百个看不惯，明明是自己的想法与时代潮流相违背，却反过来认为是时代在倒退。他们总认为自己是在坚持原则，坚持真理，这类人对自己的眼光和能力从来都不怀疑。其结果，只能是自己嘲讽自己。在许多意外的事情发生后，他们常常措手不及，不知怎样应对。

一家机械厂的经理工作能力很强。在他的经营管理下，公司生意兴隆，业务量大大提升。当然，这位经理也自我感觉很好。有一次，他的一个朋友介绍来一笔外贸业务，当时对方只预付了1%的订金，财务处长忍不住提醒他，外贸业务我们是初次做，而且又是如此大的订货量，他们只付少量的订金，应该慎重啊！没想到，经理大发脾气说："我自己的朋友我心里还没数吗？你想一下，以前咱们的货不都是靠我朋友帮忙销售的吗？出过什么问题吗？"

"可是，不怕一万，就怕万一啊！"财务处长小心翼翼地说。

"没有什么万一？"不等他说完，经理胳膊一抢打断了他，"你难道盼着我们出事吗？小心谨慎，成不了气候。"

结果，这位财务处长担心的事情真的就发生了。货发出去后就没了下文，原来这位经理的朋友因为做房地产急于用钱，想出这个办法来套钱。反正客户在国外，厂家也不方便去追查。事后，虽然这个厂家的货款通过法律渠道追了回来，但这位自我感觉良好的经理还是因为失职被董事会宣布免职。

由此可见，人的智慧如果不与时俱进，就无法适应变化的大环境。那么，不论在自己的事业还是生活的博弈中，其结局很可能也会像鹰王和机械厂的经理一样悲惨。

俗话说："寸有所长，尺有所短。老马也有失蹄的时候。"一时的看法，不一定适用于所有时候，即便自己曾经取得过一些胜利，但都已俱往矣。因此，要想在博弈中取胜，要有自己的主见，同时也应该保持虚怀若谷的胸怀。不要轻易否定别人的看法，要善于倾听，虚心接受别人的意见和建议，要善于发现别人见解的独到性。听取别人的一言，也许就会避免你的意外之灾。另外，也要多做调查研究，尽可能获取整个事情的真相。

要走出经验主义的误区，也需要站在他人的角度去考虑问题。毕竟，博弈是你与他人的较量。如果不考虑他人的感受，就没有再次博弈、继续合作的可能。

要克服经验主义，也需要利用与众不同的思维和方法来看待和解决生活与工作中的各种问题。

在《论语》中，孔子曾经骂那个白天睡大觉的朽木弟子宰我，训斥他太不仁。因为3年守丧期，是天下通行的丧礼，可偏偏这块不可雕的朽木提出把守丧期改为1年。如此大逆不道，大圣人孔子怎能容忍？

于情于理，为父母守丧3年并不为过，而且何止3年，即便守一辈子也无法报答他们的恩德。可是，对于需要工作来养家糊口的儿女来说，要做到这一点确实不容易。特别是弟子们需要和孔子周游列国讲学时，更是很难做到守丧3年。因此，宰我才提出1年的守丧期。

历史发展到今天，忙碌的现代人发现，别说是3年守丧期，就是1年也耗费不起。因此，采取了各种各样的守丧方式。

既然风俗礼仪是人们制定的，那么也应该与世推移。如果人们的客观环境变了，风俗礼仪还不能与时俱进，就会被淘汰。只有灵活变通，才能与时俱进。从这一点来看，虽然宰我不是俊杰，但是宰我却是识时务者。

当然，要变通就要敢于挑战传统思想，要有与众不同的创新思维，注意在日常工作中锻炼自己独特的思维能力。这样，你会发现自己的思维与众不同，才能在人生的博弈中前进一步，实现跨越。如果个人前进一小步，那么社会就会前进一大步。

◆ 要有与众不同的创新思维

不论做什么事，如果总是率性而为，直线思维，不懂得变通，那么不论做什么事情都无法做成功，其结果反而会得不偿失。

有位手艺人会捏泥人，这项独特的工艺为他赢来了丰厚的收入。当然，这个人也很诚信，凡是答应客户的事情决不食言。

可是，秋冬季节，他在一次外出中感冒了。于是，妻子按照医生的吩咐，劝他先把手里的活儿放下来，休息几天，等病好了再干。可是手艺人觉得如果休息三五天，那么他就要把交货日期推迟三五天，这就等于是失信于人了，这样的事他可不能干。

　　因此，手艺人带病坚持工作。但是由于他身体一直得不到休息，虽然喝了药，可是病情并没有好转。妻子看他这个样子非常担心，但知道他非常固执，劝说是没有用的。于是就偷偷给客户打电话，说明情况，请求对方能宽限一周，让丈夫把病治好。客户通情达理地说，看病是第一位的，即便延迟一周也是应该的。

　　妻子见客户答应后，非常高兴，就把这个好消息告诉丈夫，劝他先休息几天。没想到手艺人却说："你这不是害我吗？客户和我打了多年交道，他当然不好拒绝。可是，我怎么能因为生病就失信于人呢？你还居然背着我打电话。"

　　妻子解释说："这不算失信啊，你们之间的合作只是延长了几天而已。"手艺人说："不管怎样，我不能违背当初的约定。你不要再劝了。我一向把信誉看得比生命还重要。"妻子看他一点儿也没有听劝的样子，只好无奈地摇摇头。

　　结果，手艺人还是继续干活，病得一天比一天厉害。最后，手艺人因为得不到休息，病情恶化并无法再继续捏泥人了。一些卖泥人的店铺也因为得不到他制作的泥人，生意一落千丈。

这个手艺人确实非常诚信，只是缺乏变通，宁肯为了维护这份诚信而牺牲健康，未免因小失大了。他没有想过，连健康都无法保证，工作怎能正常进行呢？手艺怎能流传下来呢？

其实，世上没有什么是不变的东西，即便是诚信也是相对而言的，也要因时因事而有所变通。否则不识时务，也成不了俊杰。只有从实际出发，根据实际做出正确的应变策略，才能真正把事情办好。

《易经》中说："穷则变，变则通，通则久。"博弈重在变通。要想在社会上立足，就必须掌握一些灵巧的变通手段。成功的变通方法是人生处世博弈成功的关键。

东汉年间，巫师单臣、傅镇等人造反，自称为王与朝廷对着干。当时，朝廷派大军前去征剿，尽管官兵死伤不少，但单臣等人依仗粮草充足仍然坚守不出。

无奈之下，汉光武帝召集诸侯征求良策。大家都说该用悬赏杀敌的办法，因为重赏之下必有勇夫。但是，东海王却提出，要围城的官军给叛军一条逃生的道路。人们对此大惑不解。叛军抓还抓不住，难道要让他们逃跑吗？

可是，东海王认为，现在官军把城围得那么紧，他们想逃也逃不了，所以只好拼命抵抗。要是稍稍放松一下，给他们一条生路，他们便会自行逃亡。一旦叛军处在逃亡途中，再加上妖言惑众，人心不稳，那时，多数人都不会拼死抵抗，只要一个亭长就可以把这些散兵游勇抓获。

光武帝闻听，感到言之有理，于是采纳了东海王的计谋，结果官军轻而易举地就抓住了势单力薄的单臣和傅镇。

其实，在具备同等条件的情况下，懂得变通，就能找到解决问题的正确方法。

这位东海王的高明之处就在于他的思维独到。他具有非凡的洞察力和新颖的创造力，能够从多方面考虑问题。当一条路走不通时，变通一下，轻而易举地就把一桩难事给解决了。

由此可见，变通也是人们生存和发展的一种智慧。思维变通作为通向成功之路的一种捷径，缩短了行动与目标之间的距离。在为人处世的博弈中，变通会让你懂得如何获取利益，如何在复杂的环境中求生存，如何知己知彼，如何躲过小人的暗算。

既然曲线变通可以帮助自己顺利达到目的，那么，在平时的工作学习中，就要有意识地锻炼自己这方面的能力。

1. 以迂为直

曲线思维最典型的特征就是以迂为直。因此，那些急性子、率直性格的人不妨改变自己做事情的方法，锻炼一下自己这方面的能力。

比如，在与人们的沟通中，如果你遇到一个十分固执的对象，如果不懂得变通之道，你所说的问题一下触及核心部分，会给对方带来不必要的压力，更不用说说服对方。那么，在这场博弈中，你肯定达不到自己的目的。此时，你可以采用以迂为直的策略，曲线前进。不妨先聊一些与实质性问题较远的其他话题，逐渐拉近双方心理的距离。之后，再由远及近一步步切入实质性问题。这种方法的好处是能层层铺垫、步步深入地引导对方。由对方不经意的问题切入可以使对方跟随你、层层靠近你的思维轨迹，渐渐接受你所讲的道理。

2. 旁敲侧击

职场中，人们有时会遇到上司在自己面前摆谱的现象。此时，当面顶撞或者拒绝是不可行的。你可以用旁敲侧击的方式，迂回变通，让上司明白你的意图。

有一次，拿破仑得意地对他的秘书说："布里昂，你也将永垂不朽了。你不是我的秘书吗？"意思是说布里昂可以沾他的光而扬名于世。布里昂是一个很有自尊心的人，但又不便直接加以反驳，于是他反问道："请问亚历山大的秘书是谁？"拿破仑答不上来，这才意识到自己太过傲慢，于是反而为他喝彩："问得好！"

在这里，布里昂就巧妙地暗示了拿破仑：亚历山大名垂青史，但是他的秘书却不为人所知。那么，一个大人物的秘书是否有名气与大人物之间其实没有直接的联系。这巧妙的暗示，使拿破仑明白了自己的失言，又维护了双方的自尊。这就是布里昂的曲线思维模式。试想，如果直接反驳拿破仑的意见，那么布里昂肯定没有好果子吃。

不论采取何种方式，要锻炼变通的思维方式，就不要让自己陷入惯性思维中，永远只用一种眼光看问题。要敢于突破传统思维的定式，时时刻刻寻求变通。只有这样，才能发掘机遇，把握机遇，才能在各种场合下都能应付自如，左右逢源。

第三章　掌握了信息，就掌握了制胜关键

在博弈的过程中，信息起着重要的作用。它往往影响着博弈双方对对方的判断，从而左右他们的决定。可以说：在博弈中，谁掌握了关键的信息，谁就掌握了制胜的关键。

但是，在博弈中，对方不会告诉你他们全部的想法，只会把他们的信息隐藏起来，让你无法预测而陷入迷茫之中。此时，如果你没有预测对方，也毫无防备之心，就会被对方引诱走向危险的陷阱。因此，不要对危险信息视而不见，特别是对天上掉下的馅饼，一定要仔细思考这样的"好事"为何单单找上你？

当然，如果你能发现对方的秘密和隐藏的意图，而不让对方知晓你的盘算。那么，从某种程度上说，你就可以控制事件的发展。

◆ 让自己成为信息对称的一方

信息分为对称信息和不对称信息两种。对称信息是指双方都对对方的情况有一些了解。比如，在商品市场上，买主了解卖主所掌握的有关商品的信息，卖主也掌握买主具有的知识和消费者偏好，这就是对称信息；如果一方对另一方的情况并不了解，这就是不对称信息。比如，病人被医

院误诊，想要状告医院，那么，他掌握的医院信息寥寥可数，就是不对称信息。

在博弈之前，如果你对对方的重要信息一无所知，那么开局必定被动，既谈不上从容不迫，更无法去获得博弈的最优结局。

从前有一个人虽然勤奋刻苦，但是大脑有些愚笨，因此生活拮据，并且还欠了别人很多的债务。大年三十又是讨账的时候，于是这个脸皮薄的人只好到外面去躲债。

他来到了一个旷野处，无意中发现了一个小箱子，里面装满了珍贵的财宝，这个人心中一阵狂喜。"也许是老天助我吧。"他想。就在他伸手打开一个化妆盒时，他看到上面有个锃亮锃亮的玻璃，玻璃中竟然有个人在对着他看。他感到非常惊恐，急忙跪下来合掌行礼道："我以为这是别人抛弃的箱子，没想到这是你的。既然你在箱子里面，我这就走，请你不要见怪。"

这个愚人就是对镜子的信息一点儿不知的人，明明是自己的影像却当成是他人。正是因为他对镜子的信息不对称才有了这样可笑的一幕。

在为人处世中，不但要看清自己，也要看清他人。特别是在危急关头，要看清他人的弱点，想办法把对方置于信息不对称的一方。这样你才有博弈的优势。

在京剧《过韶关》中，伍子胥为了逃脱楚平王的追捕，先奔宋国。因宋国有乱，又投奔吴国，路过陈国。在逃亡途中，伍子胥面对的是莫测的风险，可是，伍子胥却运用自己的机智战胜了这些困难。他了解到了那些追捕他的官兵天高皇帝远，对朝中之事并不十分清楚的情况，利用对方的信息不对称逃出了虎狼之口。

相传，在逃亡途中，伍子胥在边境上被守关的斥候抓住。斥候对他说："你是逃犯，我必须将你抓去面见楚王！"

机智的伍子胥沉着回答道："楚王确实正在抓我。但是你知道楚王为什么要抓我吗？"此时，伍子胥发现对方的确对抓他的原因不清楚，于是，灵机一动，哄骗对方说："其实，楚王抓我是因为我有一颗价值连城的宝珠啊！因为有人跟楚王告密，说我有一颗宝珠。楚王一心想得到。可我的宝珠已经丢失了。楚王不相信，以为我在欺骗他。我没有办法，只好逃跑。"

可是，斥候不吃这一套，他冷笑说："宝珠丢了，至少我还抓住了人，楚王还会有奖赏的。"

伍子胥摇头说："不，现在你抓住了我，还要把我交给楚王，那我将在楚王面前说是你夺去了我的宝珠吞到肚子里了。那么，楚王为了得到宝珠一定会先把你杀掉，并且还会剖开你的肚子寻找宝珠。这样我活不成，而你会死得更惨。"

斥候信以为真，觉得没必要以命相搏去换取那一丁点儿的奖赏，于是赶紧把伍子胥放了。伍子胥终于脱险，逃出了楚国。

生活中，很多时候，由于主客观各种原因，一个人无法掌握对方更多的信息，因此就造成了信息不对称。在斥候与伍子胥的博弈中，本来伍子胥一个流浪逃亡的人是处于弱势的，斥候本来有胜算的把握，可是他却被伍子胥蒙骗了，就是因为他对伍子胥的信息掌握不对称所致。从客观方面来看，因为斥候居住的地方偏僻，斥候没有掌握多少伍子胥被追捕的资料，所以很容易被伍子胥所骗。从主观方面来看，因为他相信在楚王面前伍子胥当然比自己有说服力，于是在无法求证伍子胥说的是否是谎话的前提下，放过了伍子胥，造成了他的被动局面。总之，这些主客观方面的原因导致了斥候对伍子胥信息的不对称性。

在生活中，我们也会遇到像斥候这样的局面。比如，我们去买东西，往往并不知道商品是否有严重缺陷的信息。之所以出现这种状况，无非是因为交易商品质量高低属于卖方的私有信息，那么，卖方比买方更有主动权。在这种情况下，我们的博弈就很被动。因此，在博弈的过程中，对于双方来说，谁拥有对方或者客观环境的信息越多，谁就越有可能做出正确决策。

伍子胥在斥候的博弈中之所以能够获胜，显然伍子胥是掌握了斥候充分信息的人：他知道斥候是一个在远离国都的偏远地界的小官吏，通过谈话他更了解到了斥候对于抓他的原因并不了解；而且，这个小官吏对于楚王的所作所为更不可能了解。因此，伍子胥就编造了有利于自己的故事来蒙骗对方，命运就此起死回生。

另外，即便是博弈中暂时处于主动的一方，随着事物的变化，也会变成被动的一方。

在《过韶关》中，伍子胥虽然顺利逃离了自己的国家，可是他在过韶关时却一夜急白了头，因为他对昭关的信息掌握就是不对称的。昭关在两山对峙之间，前面便是大江，形势险要，并有重兵把守，伍子胥想要过关真是难于上青天，竟一夜急白了头。幸好后来名医扁鹊的弟子东皋公的巧妙安排，伍子胥才得以巧妙过关。

由此可见，在博弈中人们很多时候都处于不对称信息的博弈中。在信息不对称时，要注意借助他人的力量让自己成为信息对称的一方，就会有胜算的把握。

◆ 信息收集的4个来源

在博弈中，绝大多数情况下，信息都是不对称的，往往会出现某一方知道信息而对方不了解情况，这样就导致了博弈双方一个占优，一个占劣。因此，想要在博弈中取胜，改变信息不对称的被动局面，就需要在平时多关注并搜集整理对方的信息。否则，再聪明的人也会处于被动的局面。

我们知道，马克·吐温是世界上著名的机智、幽默、风趣的作家，他不仅以小说征服世人，而且演讲也很有趣。他见多识广，应变力很强，可以说，没有人能够难得住他。可是，在一次演讲中，他却被一位听众难住了：

有一次，他要在一个小镇上演讲。一个当地人跟他打赌说："尊敬的大作家，你大名鼎鼎，无人能战胜你的机智幽默。可是，我想告诉你，尽管你的语言风趣幽默，但是你这次恐怕不能如愿了。不信，我和你打个赌。如果你能把台下第一排的一个普通的小老头儿逗乐，你就赢了。我将输给你一笔钱。"

对于曾经逗乐过成百上千观众的马克·吐温来说,逗乐一个小老头儿不是太容易了吗?因此,他对自己的才能充满了足够的信心,一口就答应了。

演讲那天,马克·吐温果然看到一个秃顶的老头儿坐在第一排正中。于是他便使出浑身解数,讲了一个又一个的精彩段子。然而就在听众震耳欲聋的笑声中,那个老头儿从头到尾一直忧郁地坐在那儿,没有露出一点儿笑容。马克·吐温输了个底儿朝天,他怎么也想不明白自己无懈可击的演讲到底输在什么地方。

最后,他终于忍不住问当地一个小伙子。小伙子答道:"你说的那个老家伙啊,我认识,4年前他的耳朵就完全聋了。"

马克·吐温听后大吃一惊,他没想到自己这回居然在小河沟儿里翻船了。

这个故事告诉我们,信息在博弈的过程中,有时能发挥关键作用。马克·吐温在和当地人的博弈中之所以失败,就是因为他对那个特殊听众的信息一点儿也不了解。因此,生活中,不论你是打赌还是参与其他游戏,要想博弈取胜,就要尽力多搜集对方的信息。

在博弈的过程中,如果当各种方法都尝试过,可是问题仍然像一团乱麻一样不可解决时,最好的办法就是再问问自己,原来收集的信息够全面吗?有没有被漏掉的信息?虽然我们并不知道对方这次会使用什么博弈方式,但是你掌握的信息越多,做出正确决策的可能性就越大。如果你能收集到比别人更多的信息,也就有了更大的胜算。

收集信息不仅是解决问题的一个步骤,有时还能起到极为关键的作用。如果你能预测对方真正想要的是什么,并且探明他们的最后期限,这无疑对你获得博弈的胜利更有利。

那么，怎样才能通过正确的方式尽量多地搜取到对方的信息呢？

信息的收集形式不一，场合多种多样。人类的知识、经验等都是获取信息的资源库。你既可以从图书馆查阅资料，从公开发表的刊物、媒体上收集，也可以从一些非正式渠道收集。比如，私人宴会或其他聚会上都可以收集到一些信息，而且这种场合对方不会对你有太大的防范心理，容易把自己的长处和短处都表现出来。具体的做法如下：

1. 多听——通过他人的谈话获取更多的信息

当你无法了解对方的信息时，通过熟悉对方的第三者的谈话中也能听出许多对方的信息，便于你及时采取行动。

长虹中南片区总经理何斌修就是一位反应灵敏、善于收集信息的人。何斌修当兵转业后，进入长虹工作。2000年8月，他争取到北京分公司做业务，负责与大中电器的业务往来。2001年春节前，各家电器品牌在北京拼命抢占年底市场，大中更是他们争取的对象。但是，业务员们都在抱怨大中配送不畅。在别人的抱怨声中，机敏的何斌修却捕捉到了信息：既然配送不畅，就要抢先把货放在那里。于是，他来到大中库房，估算出了空余的库房面积，随后马上找到大中业务部，第一时间拿到了订单。

在春节旺销期，当其他厂家纷纷让大中订货时，长虹的产品早已占满库房。此时，其他产品已无处安放了，因此何斌修打了个漂亮仗。

2. 多看——含义丰富的肢体语言也是信息

我们都有这样的印象，某个人说过的话可能早就忘记了，但是他的一个动作却印象深刻。在博弈的过程中，即便是喜怒不形于色的对手，也会通过肢体的动作表达自己的感受。这种动作我们称之为"肢体语言"。对方的肢体语言也是一种信息。

比如，对方正视你，眼睛炯炯有神，说明对你的问题感兴趣；如果对方东张西望，或者不时做一些其他的小动作，则表明他对你的问题毫无兴趣，心不在焉。再如，人们在说谎时很可能会不自觉地把手藏起来。当人们说谎后担心谎言被拆穿，都会表现得很紧张、焦躁不安，就会将手背到身后以掩饰心神不定的心理状态，有时也会双手互相紧握着；当人们在说别人坏话的时候，往往习惯用手捂住嘴巴说话。另外，脖子也是人体传达信息的重要部分。用手摸脖子，或用手去扯衣领的行为也是说谎的表现。尽管这些动作都是无意中做出的，但是也可以表明他们此刻的心理状态。

3. 从对方的竞争者那里获得信息

获得对方信息的另一个来源是对方的竞争者。假设你是买方，如果能从第三方那里知道了卖方的成本，那无疑取得了谈判的一个最大筹码，在谈判中必然会增大对方的压力，增加弹性。

4. 搜集相关知识，做出正确判断

在博弈中，人们掌握的信息经常是不完全的，因为信息会随着环境、时间、地点的不同而改变，即信息是动态的。由于这种动态信息的影响，我们掌握的有利信息很有可能变成不利信息，这就更需要我们在博弈进行过程（即动态博弈）中不断地搜集信息、积累知识、修正判断。

比如，在股票市场，某些股票是否会是潜力股，大多股民并不清楚，他们只是根据股市波动情况来决定是否购买。而那些资深的证券分析师们却可以根据各行业的发展情况，提前预测出某些股票的波动情况，因此，胜算者往往是他们。

　　世界著名的零售业巨头沃尔玛需采购的产品成千上万，但它的采购价格总是比同行的要低，原因就在于沃尔玛对供应商的原材料价格进行过严格合理的计算，并对产品的成本和利润一清二楚。每当供应商抱怨"再降价我们就没有一点儿利润"时，这些采购员往往会替他们算一笔账。比如，一双袜子需要多少纱线，纱线需要多少成本等来推算袜子的成本和供应商的利润。因此，尽管这些供应商面对很低的价格，但仍然无法抗拒沃尔玛抛出的巨大订单的诱惑。

　　由此可见，博弈需要多方面的知识，因此，收集信息不仅要关注本行业的信息，也需要关注其他与之有联系的行业信息。充足的信息意味着你的思路会被拓展得更宽。

　　由于信息并不是一成不变的，它是一个动态的过程，因此在收集的过程中，人们需要认真观察，努力思考。收集到信息后，还需要对已经掌握的各种信息进行排列、重组、比较、联想、质疑等。这样，信息的运用才可以帮助你做出成功的决策，做出正确的判断。

收集信息的过程，同时也是开拓思路、激发创造力的过程。多掌握对方的信息也利于你掌握博弈的主动权。占有信息优势的一方，无论在心理上还是胜利概率上，总是更胜一筹，而对方往往因此而陷入不自信当中，结果就不言而喻了。

◆ 把自己的弱点掩藏起来

在博弈的过程中，策略暴露就意味着失败。当一个策略或者说一种为达到目的而采取的手段如果被识破，那么这种策略或手段必然是无效的。就如自己有一杆枪，而子弹却在对方手里一样，会带来意想不到的损失。

第二次世界大战期间，法国部队中一个炮兵排长的妻子就是因为对朋友毫不设防，无意中泄露了丈夫的军事信息。结果，不仅给丈夫带来了灾难，还造成士兵很大的伤亡。

这个炮兵排长的妻子有位女友是集邮爱好者，这位女友常把自己积攒的邮票带来给她看。炮兵排长的妻子从未见过那么多漂亮邮票，看后她赞不绝口，那位善解人意的女友就送给她一些。渐渐地，炮兵排长的妻子也开始喜欢起集邮来。她每天收到丈夫情意绵绵的书信后就急忙把女友叫来，一起把那些精美的邮票拆下来，并和女友分享自己的欣喜。

但是，突然间，丈夫的信中断了。而且女友也不再来看望她了。

许多天后，炮兵排长的妻子接到了一封沾满血迹的信。她急忙撕开，信上写道：

"……真是活见鬼了，最近半个月以来，不论我们转移到什么地方，德国人的炮弹就像长了眼睛似的总能找到我们。我们的损失很大，我也负了重伤……"

炮兵排长的妻子被这突然的打击击倒了。不知过了多久，她从昏厥中醒来，一眼看到信封上的邮票。她猛地坐起来，失声惊叫："上帝啊！"

战争期间，任何环节的一点儿小疏忽就可能会付出血的代价。这个炮兵排长的妻子在和德国特务的博弈中之所以输掉，就是因为她对所谓的"女友"毫不设防，不懂得保护那些对自己重要，对丈夫重要，对法国部队更重要的信息，结果被敌人钻了空子。

同样，在商战中，如果不注意保密，限制那些不利于自己的信息，也会给自己的利益带来损失。

做博弈人生的赢家

　　1985年8月5日，《经济参考》根据国家物资局综合管理司的资料，报道了1985年、1986年锦纶帘子布将供不应求的详细情况。当时，中方正与日本厂商洽谈购买锦纶帘子布，其中一家日本厂商已接受中方提出的价格。就在这个时候，报纸发布这样详细的报道，给外商帮了大忙，使中方处于十分被动的地位。

　　身居高位的人，最忌别人察言观色并判断阴晴寒暑、雨雪风霜。"谋成于密败于泄，以谋保密谋更密。"无论是领导一个公司、领导一个政党或是带兵打仗，最需要的是让人们摸不透指挥者的心思。如兵法云：兵不厌诈，虚则实之，实则虚之，能而示之不能，战而示之不战。如果你不能"推行诡招"，不懂得"心藏九天玄机"，你就难以做到含而不露。你的观点、主张、决策、布置就容易被敌人掌握，这样，你就可能葬送自己的前途。所以，应该注意限制不利于自己的信息外露。

　　三国时，曹操有一次在水阁宴请百官。时值盛夏，他吩咐侍妾用玉盘进献西瓜。一小妾捧着盘子低着头献瓜。曹操问："西瓜熟吗？"小妾随口回答："很熟。"曹操闻听大怒，下令把这个小妾推出斩首。之后又吩咐别的侍妾进献西瓜。又一小妾大起胆子走上前献瓜。这次，这个小妾的回答是"不生"。结果，又被斩首。

　　这时侍妾们都战战兢兢，没有人再敢进献。其中有个名叫兰香的小妾，很善解人意。于是，兰香高擎玉盘进献西瓜，曹操又问："西瓜味道如何？"兰香回答："很甜。"可是，没料到，兰香竟然也被曹操杀害。难道兰香的回答也不对吗？

　　按曹操的解释是：前面的两个小妾不知道进献西瓜时要把盘子捧到和眉毛一样高，而且在回答问话时，所用的都是开口字（古代讲究：女子在大庭广众之下说开口字是一种有失礼节的行为）。她们太笨了！可是这些"规矩"兰香都没有触犯，为什么也无辜遭斩呢？原来，曹操太多疑了。在他看来，正是因为兰香太了解自己的心意，因此，把她斩了是免得日后成为自己身边的祸患。

曹操滥杀无辜的确有些过分了，可是他的意思是天机不可泄露。一旦自己的心机被他人看破，无异于失败。

这个故事也提示我们：在博弈中，任何信息的效用均有赖于其独享性，如果一个信息被充分共享的话，它的优势和效用就被"磨光"了。常常把不利于自己的信息暴露出来的人其实是愚蠢的人。特别是在信息发达的社会，如果不想被别人利用，就要记住，永远都不要把自己的信息暴露在别人的眼皮子底下。这应成为博弈中人们必须牢牢记住的一条重要的规则。因此我们必须学会保密，不让对手获得任何可能识破自己博弈的信息。

人生如战场，在为人处世的博弈中，也要懂得掩藏不利于自己的信息。要懂得如何包装自己，伪装自己，把自己的弱点深深地掩藏起来。这才是具备成功素质的人。

在恋爱中，我们都知道，每个人都想展示自己个性中最好的一面，掩盖糟糕的一面，即便是最邋遢的家伙在约会场合也可以摇身一变，变得衣冠楚楚，这就是限制那些不利于自己的信息。虽然，他们的缺点不可能一辈子隐藏，但随着关系的进展，对方对你了解后，很可能不再十分计较缺点，而将优点放大，于是就赢来皆大欢喜的局面。

如果在恋爱一开始，对方还没有充足的心理准备时就把不利于自己的一面暴露无遗，对方是很难接受的，因为这和他们的心理预期实在相差太大。只有有了良好的第一印象，关系才可能取得进一步的发展。

不论在生活还是在工作中，要限制不利于自己的信息发布出去，首先要做到信息保密：

1. 不泄密

当你在公司里工作了一段时间，多多少少会知悉一些秘密，这些秘密可能是公司的企业机密，因此，要注意保密。譬如，你是办公室人员，可能较早知道公司会增设某部门，早知某人有离职之意。如果不注意保密，随口说出，他人可能会捷足先登，取代其位。因此，不要小看这些秘密，这往往可以让你较其他人更快、更准确地掌握到公司的脉搏。因此，作为一名办公室人员，就不应轻易将机密外泄。

2. 保存好机密文件

另一种信息泄露的情况是平时的警惕性不够强或是欠缺敌情意识。多数人对办公室的一般性文件，处理态度往往不够慎重，这种情形最容易给对手可乘之机。比如，公司的员工名册，对内不是什么机密，然而一旦被有心人获得，就可以据此推敲出公司的部门配置或管理手段。那些看起来毫不起眼的细枝末节，或许正是竞争对手极欲获得的珍贵情报。因此，只要是流通性的文件，都应慎加保存和适当处置。还有一些重要的资料，诸如顾客名录、原料采购记录等更是绝密文件。对于这些机密文件，员工必要时可利用碎纸机加以毁灭。

3. 管住自己的嘴巴

生活中，很少有人真的可以百分之百保守秘密，大部分人会有把秘密向他人倾吐的欲望。可是，许多人在博弈中之所以处于被动，就是因为自己的嘴巴惹的祸。特别是在商业谈判中，许多人就是因为多嘴多言，洽商时的无心之言或者闲聊时的个人评断等，就会无意泄露了工作上的信息或他人的隐私，这些信息将会成为竞争对手攻击的利器。同时，也给自己的人际关系带来了很大的障碍。因此，一定要管住自己的嘴巴。否则，讲得多了，你守信的能力会大打折扣。

4. 少听少知道

如果你本身就是个话匣子，管不住自己的嘴巴，也不能很好地坚守秘密，那么，最好不要去听太多秘密。不论是同事偷偷告诉你的，还是当事人在不经意中透露出来的，都要少听，而且要尽量少去那些容易招惹是非的场合。

5. 向局外人诉说

假使自己不可避免地知道了太多秘密，又不能向同事透露，但又禁不住那份诉求的冲动时，你不妨找一个毫无关系的外人，把你所知道的全部都告诉他。这样，既减轻了自己的压力，又不会让秘密在公司内泄。

天机不可泄露。在与对手博弈时，一定要掩盖你的真实意图，特别是事关重要的机密信息，一定不要向局内人透露。这样才能够减少自己的损失，争取最大的胜利。

◆ 用"烟幕弹"迷惑对方

信息不对称，往往是博弈中出现坏结果的决定因素。那么，在信息不对称时又该如何博弈呢？如果你已经尽了最大的努力，但是并没有掌握更多、更准确的对方信息，那么，想要扭转博弈的被动局面，就可以释放一颗烟幕弹，用假信息迷惑博弈对手，利于自己决策的实施并产生最大效益。

古代军事家孙武说过："兵者，诡道也。"兵不厌诈。《三十六计》中的军事谋略原则，其总的思想就是真真假假、虚虚实实。列宁指出：没有不用计谋的战争，对敌人不能讲忠厚老实，凡计谋越刁越好越是斗顽敌，越要用诡道。

战争是敌我双方你死我活的较量，战争是要流血的，不用谋略，难以制胜。古今中外，有造诣的军事家无不通晓这种权谋。通过放烟幕弹来设法伪装自己，以假象掩盖真相，以细节伪装主干，给对方造成虚幻的错觉，使对手难以料定"我之本意"，以达到出奇制胜之目的。当年英美盟军准备在诺曼底登陆的时候，也是一再地制造假象，使德军摸不清盟军确切的登陆地点。盟军情报部门利用不断制造的假象，让德军疲于奔命，并将德军分拆得七零八落，最终打败了他们。

而今，不仅在战争中，甚至是政治、经济及人们的日常生活中，这种以假乱真的烟幕弹已经渗透到了社会生活的每一个领域。同时，也成了人们在生活中的应变之术。当然，迷惑对方的烟幕弹也是弱势一方求得生存和发展的妙招。特别是在商战中，当新生的企业或者推出的新产品处在"褴褛"中时，如果被对方看出该产品或企业并不成熟并视为竞争对手，那必定会将该产品或企业置于死地。此时，用迷惑计则可以扰乱对方的判断，以给自己成长的机会，把主动权掌握在自己手里，扭转被动和劣势的局面。

但是，既然放烟幕弹要达到以假乱真的目的，其中的技巧也是需要把握的，要让对方相信而不是怀疑，否则就会弄巧成拙。

1. 注意分寸和真实感

如果有一位推销员在顾客拒绝他的产品时，凑近顾客，并且胸膛中发出"咔咔"的声音。当顾客问"这是什么声音"时，他告诉顾客这是自己心脏起搏器的声音，言外之意是：自己的心脏不好。此时，顾客难道会被迷惑？会同情你？并因而马上买你的产品吗？当然不会！他们会立刻打发你走，并劝告你赶紧上医院，不要病倒在他家门口。这样的表演也未免有点太过了。

由此可见，使用"放烟幕弹"的策略时也要掌握表演的分寸和真实感。

2. 让假象和真相之间有相似性

"放烟幕弹"把握的原则是：让假象和真相之间有一种相似性，由于博弈双方的信息不对称性，特别是当你出于隐蔽的地位时，你释放的烟幕弹对方就无法求证。因此，在这种情况下，比较容易以假乱真，迷惑对方。

有这样一个故事：从前，有一伙强盗来到一户人家打劫，正巧这户人家的男人不在家。然而，留在家中的三个妇女临危不惧，用箭阻拦强盗。可是，箭射了几支后就快用完了，强盗仍然没有走。强盗们知道了屋中只有女人后便更加嚣张。对于妇女们来说，情况就万分危急了。这时，强盗们闻听一个女人大声呼喊："取箭来！"他们又听见一捆捆箭被"扑通扑通"扔到地上的声音，强盗们大吃一惊，小声说道："有那么多箭！看来这家人是武艺高强的人家，必定难以制伏她们了。"于是，强盗只好溜走了。

原来，这是另两个女人从屋内棚子上把一捆捆麻秆儿扔到地上发出的声音。因为麻秆儿也是细长的，跟箭落地时发出的声音一样。强盗们被这个烟幕弹迷惑了。

3. 再危险也要坚持到底

放烟幕弹既然是要弄假成真，因此就要坚持到底，不能在计谋没有达到目的时就控制不住自己，原形毕露，那样，就会弄巧成拙。

一农民养了一头驴，这头驴因食物少而瘦得不成样子。有一天，农民在树林里面找到一张死老虎皮，就给驴披上了。夜晚，农民将驴带到农田里吃麦子，守田人远远看去，以为是老虎在吃东西，吓得都跑了。于是，披了老虎皮的驴就可以每天享受美食而不被守田人驱赶了。有一天，正在吃麦子的驴听见远处驴的叫声，自己也情不自禁地叫起来。守田人这才知道原来是一头披了老虎皮的驴在吃麦子，于是用弓箭、石头将它打死了。

201年，曹操掌权不久，急需人才，便召司马懿出来做官。司马懿是大士族的后裔，而曹操乃宦官之后代，他不愿屈节事曹。于是，以患风湿病不能起居为由，拒绝应召。曹操马上怀疑司马懿是找借口推辞，因此，派人扮作刺客前去查验。

这天深夜，刺客悄悄潜入司马懿的卧室，见司马懿果然直挺挺躺在床上。刺客暗想，司马懿如果是装病，见到利刀，一定会匆忙招架。于是，刺客挥刀向司马懿劈去。谁知，司马懿只是睁开眼睛瞅了瞅刺客，身子仍然像僵尸一样一动未动。刺客这才信以为真，去向曹操禀报。

其实，司马懿在刺客潜入卧室之时就已察觉，并且猜到是曹操派人来打探其病况的。于是他将计就计，演了这场惊险剧，蒙蔽了向来机警的曹操。

因此，既然是放烟幕弹，就要形成一种氛围，一种气候，烟幕弹的影响力越大，人们才会越相信，才会形成从众效应。因此，你的烟幕弹一定要铺天盖地，看准目标客户集中"狂轰滥炸"。这样才能在某个范围内形成有效的"杀伤力"。但是，这种烟幕弹在博弈中不可长期使用。

当然，放烟幕弹只是博弈中一种短暂的做法，需要和自己的正面实力相结合才能相得益彰。正如兵法所说：奇出于正，无正则不能上奇，不明修栈道，则不能暗度陈仓。用奇必须奇兵与正兵密切配合，如果没有正面攻击，就不会有出奇制胜，毕竟"人间正道是沧桑"。

◆ 博弈中试探对方的方法

某县城的百货商店有一批库存已久的衬衫。这天，正好是县城的集市，人流如潮。于是，经理命令把衬衫拿出来摆在门前。他想，今天也许会有一个比较好的销量。这么多赶集的人，即便100个人中有一个人购买，销量也很可观啊！

可是，直到上午10点，始终无人问津。时间一分一秒地过去，经理的心像在经受时间的煎熬，他担心这季的销售计划又无法完成了。

怎样才能打动消费者，调动起他们的购买欲望呢？

忽然，他计上心来，立即拟写了一张广告，贴在醒目的地方：我店衬衫，外贸品质。品种有限，特在集市期间限量供应，每人限购一件！

几分钟过后，一个老板模样的人走进来说："我经常有商务谈判，看看穿上这些外贸衬衫是否能提高档次？"这位客户试穿后很满意，于是提出要买三件。售货员微笑着说："很抱歉，需要经理签字，我实在无能为力。"客户正转身要走，经理说："卖给你三件。"并写了一张条子递给喜出望外的顾客。

这个客户一出门，又一个男人闯进来，他看到货柜上的确数量有限，看后马上拍板："我要两件！"就在售货员为难时，经理说道："我破例给您两件吧。"

不久，百货商店门外竟然排起了长队，经理有点应接不暇了。就这样，在一个小时内，居然卖完了成批的衬衫。

这些顾客为什么心甘情愿地"上当"呢？就是因为他们对商家的底牌不清楚。因为经理是"恋爱约会"般的博弈高手，为了让消费者获得良好的第一印象，会通过伪装，尽量展示出自己最好的一面。

那么，在这种情况下，博弈的另一方如何识别对方的博弈手段呢？通过试探，摸清对方手中的牌。

欲试探对方首先需要接近对方，接近才能看清对方的真面目。因此，千万不能被对方虚张声势的烟幕弹所蒙蔽，要有"不入虎穴，焉得虎子"的勇气和胆量。

柳宗元的《黔之驴》是中国妇孺皆知的著名寓言。讲的是一头驴，被好事者用船运到黔（地名），起初老虎不明白这个庞然大物是什么，很畏惧。后来，当老虎逐渐接近，而且踢了驴一脚后发现，它其实只会仰天大叫，没有什么反击能力。于是，摸清底细的老虎逐步接近驴，最终吃掉了它。

在博弈中，试探对方的方法有：

1. 火力侦察法

主动抛出一些火药味浓的话语，刺激对方表态，以便看清对方的底细。这种方法也叫激将法。

比如，在商战中，即便有一家厂商的产品是你特别看中的，也不要马上成交。不妨向对方透露竞争者的优势，最好用打印好的具有说服力的明细表，了解对方的最低价格。

2. 迂回询问法

通过迂回，使对方松懈，然后出其不意，探知对方的真实目的。

3. 过失印证法

可以主动犯一些错误，引诱对方上当。这样也可以看清对方的真实面目。

例如，一个公司在招聘员工时为了辨清每个员工的性格，开了这样一个小玩笑：

晚上，公司放露天电影，突然间灯熄灭了。这时，办公室主任往一位光头的新员工的头上拍去，大声说："老王，厂长找你。"

"主任，我不是老王啊！"那位新员工回答。

"啊！你不是老王？对不起我认错人了。老王也是这样的光头。"这个光头越想越不爽，就换了一个位子，以免无辜被打。

没多久，办公室主任又来到一个头戴帽子的员工后面，在他头上猛击一下，大声说："老王，厂长找你，还不快去？"

那位员工很恼火，大声喊道："干什么？眼瞎了！"当他看清是主任后，换了种口气说："主任，我真的不是啊！你认错了。"

"真对不起！黑灯瞎火的，所以……"办公室主任道歉后又继续往前走，他听见了这个人不满意的嘟囔声。

这次他走到前面，看准一个酷似老王身材的人后又是猛击一掌："老王啊！你让我找得好苦啊！原来你坐这啊！我还把坐在那边那个光头认成你，快去，厂长有请！"这次，这位员工不由分说地给了办公室主任一巴掌。

此时，灯亮了。办公室主任让那三位挨打的员工站到前面，让其他员工对他们的言行进行评价。结果，厂长把支持光头的人分类为：性格不暴躁、愿意息事宁人的人。于是，主任安排他们做安抚客户情绪，特别是接待投诉客户的服务工作；支持那个戴帽子的员工，则被用于和经销商周旋的工作，因为他们善于随机应变；支持第三位员工的人则被用于开拓新市场，因为开拓新市场就需要敢冲敢打。

这位经理通过试探，摸清了各类员工的性格。

在博弈的过程中，不要过早地暴露自己的真实性格，因为这样就会造成双方信息的不完全性。因此，试探，就是了解对方、接近对方的一种可行的方式。试探就是为了知己知彼，这对博弈的成功很关键。这样做，不是为了置对方于死地，而是为了摸清底细，更好地合作，从而双方都能收获更多的利益。

第四章　处于劣势的博弈之术

　　在博弈的过程中，一般我们会面临这三种境地。一是我们可以像石匠对付石头一样，任意而为；二是对方和自己实力相当；三是对方是一名拳击手，当我们打算攻击对方的时候，对方会步步紧逼，毫不相让，甚至会一招就把你击退。此时，该怎么办？如果打不赢还不跑，本钱都会赔进去。

　　当自己处于劣势时，保存实力，学会像枪手博弈中枪法最差的一位那样，不妨向天空放一枪。这就是弱者的博弈之术。

　　当然，这种退不是彻底放弃，也不是向对方拱手称臣，而是先生存后发展。毕竟，人生中会有很多问题需要我们去解决，在适当的时机，退一步，你会发现自己可以积聚更多的能量，等找到有利时机再反击，就会顺利达到目的。

◆ 尽量避免两败俱伤

　　每个人在社会中难免与上司、同事、邻居、亲人等发生冲突和矛盾。解决这些矛盾的过程也就是博弈的过程。遗憾的是，有些人没有采取理智的措施，而是在冲动的情绪下采取了同归于尽的做法，这是极不明智的。

据重庆《农民日报》报道，重庆一农民因为不满意性情暴躁的妻子对其打骂，抱着妻子一起跳下山崖，欲同归于尽。

这个农民的悲剧从一段不幸福的婚姻开始。他和妻子根本没有感情，但是，岳父岳母当时之所以愿意接受他到女方家落户，就是考虑到他身强力壮，可以为缺少劳动力的女方家干活。

然而，入赘一年，他受尽了欺凌。妻子脾气暴躁，经常欺负他，甚至打他。而且他自己辛辛苦苦在地里干活回来，全家人竟不给他饭吃。

1998年10月7日中午，已有几个月身孕的妻子又故意找碴儿，并将丈夫的手臂咬伤。这次丈夫终于忍无可忍，还手了，导致妻子头部出血。在将妻子抬往医院就医的途中，丈夫想到常在妻子家受气，就找借口打发走了与他一起抬担架的人，随后抱着妻子一起跳下山崖。结果，妻子死亡，他自己仅摔伤了腿。丈夫因犯故意杀人罪，一审被重庆市法院判为无期徒刑。

对这种冲动之下不理智的做法，丈夫说道："现在想起来也很后悔，妻子在死前还怀有身孕。"

这种与对方同归于尽的不理智的做法不但生活中有，工作中也时常出现。

据新浪网报道，身患喉癌的一名员工在和单位领导发生矛盾后，带着一瓶汽油到单位，冲进了领导办公室要与对方同归于尽。结果，这名员工以故意杀人罪被提起公诉。

原来，这名员工干电工已经20年了，电工技术在单位是公认的棒。

但自从2005年他得了喉癌后，自己的境遇就全变了。

一般人得了这样的重病，都不会再去上班了。这名员工因为家里经济实在困难，就坚持上班。但是因为要治病，就无法做到像正常人那样按时按点地到单位上班，结果在加工资时只能加100块钱。

与领导沟通无果后，这名员工怒不可遏，做出了上述行为。

我们不可否认，在社会上确实有弱者和强者之分。可是，如果弱者动不动就摆出一副不要命的架势，如果强者动不动就表现出强硬，要剥削弱者的姿态，两者互不相容，互不相让，势必两败俱伤。这种两败俱伤的局面就是明显的"斗鸡博弈"的方式。

我们都知道，公鸡是最好战的。在斗鸡博弈中，两只公鸡本来可以选择两种方式：一种是进攻，另一种是退败。如果有一只公鸡退下来，而另一只没有退下来，毫无疑问没有退下来的公鸡就取得了胜利。可是，这对于那只退下来的公鸡来说，是何等丢面子的事情啊，因此，它誓死也要选择进攻，结果则是两败俱伤。这就出现了"斗鸡博弈"的方式。双方都在用对抗的方式获取自己的利益，都在想如何让自己占据优势，把损失降到最低点。虽然双方都明白二虎相争必有一伤的道理，但是，对每只公鸡来说，都存在着侥幸心理，希望对方能退下去，而自己不退。他们往往又过于自负，觉得自己会取得胜利。

生活中，这种斗鸡博弈的模式不仅在强者和弱者的矛盾冲突中存在，就是强者之间也会存在这种方式。特别是当博弈的双方都处于强势，双方势均力敌时，参与者们就像博弈中的斗鸡一样，处于剑拔弩张的紧张局势，难分胜负。他们的心理也始终处于一种紧张状态，生怕被对方一举击溃。当然，谁都不愿意成为牺牲者。可是，这种持续的高度紧张的状态，很可能会给自己的身心带来影响，付出的却是健康的代价。

这种斗鸡博弈模式就是明显的负和博弈，结果是双方都有不同程度的损失，所失大于所得，博弈的结果为负数。比如，在生活中，兄弟姐妹之间相互争抢房产、财产等，其结果即便相互分配到一些财产，也可能伤害了彼此的感情，这就很容易形成两败俱伤的负和博弈。

这种两败俱伤的斗鸡博弈，是意气用事和情绪化的表现，其行为是偏激的、过火的，这些抵制和对抗解决不了任何问题。因此，与人相处时，不论你是强者还是弱者，需要注意的一点就是千万不能把威胁的手段用过火，不能逼人太甚，否则，对方会"狗急跳墙"，说不定索性豁出一副老脸，跟你玩命。结果弄得两败俱伤，收拾不了局面。

对此，有人可能要发出疑问，那我们面临一方的欺辱就应该选择忍气吞声吗？不，每个人的生命都是有尊严的，面对生活的不平、命运的不公，绝不能选择忍气吞声的方式。那样是助长对方的气焰。一个明智的博弈者明白自己的实力和生存法则，知道什么时候应该出手，什么时候应该静观其变。如果在你处于弱势时，非要和强者一决雌雄，那么，无疑是鸡蛋碰石头。

在博弈中，无论面对怎样的对手，在和对方进行一番试探后，如势均力敌的话，最好见好就收，尽量避免两败俱伤的结局，这才是明智的做法。否则，很可能让他人尽收渔翁之利。这绝不是危言耸听，古往今来，这样的例子很多，历历在目，比比皆是。

《心灵鸡汤》中有这样一个寓言故事：

一匹马多年独享一块广阔、肥沃的草地。后来，一头鹿也发现了这块草地，开始吃起来。于是，马心存不快，一心想要除掉鹿。但马自己办不到，只好求助于人。人提出的条件是：他们只有骑在马的身上，飞快奔跑才能捉到鹿。马不顾一切地答应了人的请求。于是人骑上马，捉到了鹿。这时，马也成了人的俘虏。

文中的马，为了报复鹿，失去了理智，最后两败俱伤，都被人算计。这就是斗鸡博弈的结果。为了报复对方，付出了惨痛的代价。为人处世中，选择这种斗鸡模式的博弈是多么的可悲啊！贪图一时之快而断送一生。这个教训，世人难道不应该吸取教训吗？

现代人处在多变复杂的社会中，利益摩擦也在所难免。人们为了利益，常常出尔反尔，致使人际关系也越来越复杂。但即使遇到摩擦和矛盾，也不必暴跳如雷，怒发冲冠。如果路遇不顺就大吼一声，拔剑而起，逞匹夫之勇，那么不仅解决不了问题，而且必然激化矛盾，扩大冲突，甚至酿成血灾，身陷绝境。因此，在人生的博弈中，需要自律、克制、谦和和有分寸的忍让。

按博弈论的说法，"斗鸡博弈"有两个均衡点。即"你进我退"，"你退我进"。到底是谁进攻谁后退呢？最好的对策就是：对方进攻、我就后退，对方后退、我就进攻。在通过反复的试探，发现自己没有稳操胜券的能力时，不妨选择后退一步。其实，后退的一方并不会损失太大，失去面子总比伤痕累累甚至丧命要好得多。这样，僵持不下的斗鸡博弈就会被化解。

◆ 先生存后发展

一名销售员从偏远的地方，取到客户的一笔货款后，天已黑下来。在返回途中不幸遭遇劫匪。劫匪恐吓他说："把身上的所有钱都交出来，不然就杀了你。"说着就把手中的长刀放在了他的脖子上。此时，销售员首先想到的是报警。

虽然这个地方远离县城，但交通方便，乡镇上就有警察巡逻。不到10分钟，警察就能来。如果他巧妙地报警并能与劫匪周旋一段时间的话，自己的生命和财物就都能保住。如果不报警，钱财保不住，劫匪也会侥幸逃脱。那些钱可是厂里用来给工人开支的血汗钱啊！因此，销售员不甘心钱就这样落到劫匪手中。此时，销售员该如何选择呢？

我们不妨从销售员的角度出发，考虑一下他目前的处境。在和劫匪的博弈中，怎样选择才最明智？这时，他最佳的选择是"不报警"。因为他和劫匪是一对一。他的一切动作都掌控在劫匪的眼皮子底下。如果在自己还没有走出危险区时报警会引致劫匪慌乱，可能会使劫匪"狗急跳墙"做出伤害他的事情。此时，保存自己的生命最重要。

应该选择的方法是：等劫匪一离开就马上报警，那时劫匪只顾逃跑，自己和警察联手也许就能把劫匪制伏。这样，不但自己的生命可以保住，被抢劫的财物也会被追回。

博弈不仅仅靠能力，更需要我们的智慧。智者以谋取胜。我们知道，在枪手对决时，首先要做的不是击倒对方，而是先保护自己才是最重要的。只有先找一个合适的地方隐蔽自己，然后才能找到合适的时机战胜对方。在博弈中将伤害降到最低点才是最为关键的。这种先保存实力的博弈方式才是最明智的选择。

在生活中，有时人们可能会遇到一些意料之外的突发事件。当自己的生命面临着危险时，一味地反抗是愚者的表现，那样只会伤人失财。先要生存，才能求发展。在进入博弈场时，明智的博弈家会在事情发生之前就把其最坏的结果想到，用"遇败即退，保存实力"的话来提醒自己。对于力量不够强大的弱者来说，生存下来是首要保证。因此，面对生活中各种各样的棘手问题，不要急于跟别人争强好胜，硬碰硬是得不偿失的，要学会保存实力。

小华在县城有一家汽修厂。生意红火后，他就有了新的发展思路，把汽修厂搬到市区。可是，在汽修厂数量众多的市区，生存谈何容易！首先，几家在当地很霸道的汽修厂就不容他。在他们看来，小华是来抢他们的生意的。于是，隔三岔五地，就有当地的电工和工商税务等人来故意找碴儿。最可气的是，小华曾拿出很多资金进行户外宣传的灯箱没有几天就都被人给毁坏了。小华在县城是修理行业中的骄子，哪里受过这样的气？于是，修理工中有人想去和那些人硬拼，求个公道。小华想，此时，硬碰硬是不能解决问题的，自己是外地人，厂子投资不少，还没有正式营业。如果大打出手，损失最大的是自己。自己有设备机器，而那些人可以一哄而散。因此，小华首先意识到蛮干是不明智的，此时保存实力最重要，关键是找到对策，让自己的厂子先生存下去。

那采用什么方法才可以站稳脚跟呢？

小华想到了老丈人在当地有一位朋友，于是他首先去拜访了这位熟人。没想到，这个人正是当地的村主任。村主任当着他的面把电工叫来，说明了利害关系。此后，电工不再找碴儿了。当然，小华也没有忘记逢年过节给电工打点一些。

对付了电工后，小华在自己的广告上同时加上当地别的知名汽车厂的名字，免费为他们做广告。这样下来，他的汽修厂终于有惊无险地存活了下来。不到两年，小华终于凭着自己过硬的技术和良好的服务，赢得了客户的支持，生意如日中天。他在自己生意红火的同时也没有忘记关照一下同行。就这样，他不仅赢得了当地人的支持，也赢得了同行的支持。

如果当初硬拼，小华哪里有今天的跨越和发展。

俗话说："人在屋檐下，不得不低头。"在人生奋斗的征程上，不论你是在陌生的地域开疆拓土还是因为失意面临低谷，如果你处在"屋檐下"的境遇时，切记：保存实力是最重要的。不论创造一番大事业还是小事业都是同样的道理。

要保持实力就需要自己暂退一步，避开锋芒。退一步，是让自己在生活中可以处于一个相对安全的位置。当然，退只是相对，而非绝对。退不是委曲求全，一味忍让，而是只有先顺从对方的意思，当你发现对方的破绽后再伺机进攻，给其致命的一击。这样既能保证个人安全，又能保全自己的最大利益。这样才能为自己争取足够长久的安全空间。

如果在生活中，你博弈的一方是自己的朋友亲人，那么，运用以退为进的方法不仅不会伤害到彼此之间的情谊，最关键的是可以将对彼此的伤害降到最低。这样做之后就会发现，原来事情可以很简单地得以解决。

保存实力需要退让，退让就是妥协。在现代生活中，善于妥协不仅是一种明智，而且是一种美德。善于妥协意味着将对方的利益看得和自身利益同样重要。

在个人权利日趋平等的现代生活中，人与人之间的尊重是相互的。只有尊重他人，才能获得他人的尊重。那样，也会赢得别人更多的尊重。

蒙牛在刚启动市场时，也曾面临着与竞争对手的对抗。当时，蒙牛创始人牛根生不也是采取了委曲求全的方式吗？他曾把"为民族争气、向伊利学习"等广告打在产品包装上。蒙牛这种谦虚、实事求是的态度和宽广的胸襟，同样令人感到尊敬，获得了业界的好评。更加巧妙的是，蒙牛通过广告使自己与对方平起平坐，使消费者感觉蒙牛与这些品牌一样，也是名牌，也是大企业。

这样不仅保持了自己的实力，而且令自己的形象焕然一新，为自己赢得了更加广阔的发展空间，这种妥协和忍让才是个人和组织生存的大智慧。

◆ 人际关系是博弈对抗中的关键

在斗鸡博弈中，无论是哪一方进攻，并不是由双方的主观愿望决定的，而是由双方的实力预测来决定的。哪一只斗鸡前进，哪一只斗鸡后退，不是谁先说就听谁的，而是要进行实力的比较，谁更强大，谁就有更多的进攻机会。

这也给我们以启示。在博弈中，一方能否获胜，不仅仅取决于他的实力，更取决于实力对比造成的复杂关系。特别是当你处在两股力量的抗衡中，要生存就要认清双方势力的对比关系。特别是身处权利交替更迭的时代，处于争权夺利的利益中心，更需要动一番脑筋，用你的一双慧眼，看清实力较量中的优劣关系。这样，你才能很好地在与他们的博弈中站稳脚跟，从而谋得更大的发展。

在中国历史上，封建王朝时代，宰相的权力是相当大的，地位仅次于皇帝，是一人之下，万人之上的重臣。汉代宰相陈平曾经很好地诠释过宰相的职责："上佐天子理阴阳、顺四时；下抚万民、明庶物；外镇四夷诸侯，内使卿大夫各尽职务。"

在秦朝末年，英才辈出，被司马迁列入"世家"的，只有陈胜、萧何、曹参、张良、陈平、周勃6人。陈平能位列其中，足见其历史地位。

陈平之所以能从一个穷小子升为高高在上的宰相，受到汉高祖、吕后的信任，并且平步青云，这与他审时度势、巧谋深算有很大关系。

陈平一生充满传奇色彩。少时家贫，喜读书，有大志，曾先后跟随过魏王和西楚霸王项羽，因不受重用、不被信任而离开，后来经人引荐才投靠了刘邦。二人纵论天下，言语之中非常投机，刘邦就把他留在身边。虽然刘邦阵营里不乏聪明才智之人，但陈平妙计多且善于谋略应变，深得刘邦信任。在楚汉交锋逐鹿中原期间，多次用他的智慧和谋略解救刘邦于危难之中，他和"三杰"一样，为大汉王朝的创立立下了功勋。

可是，这样一个受刘邦厚待的人，当刘邦在病床上下诏令，要陈平到军中去砍下吕后之亲信大将军樊哙的头来时。陈平却并没有遵从。他在路上对周勃说："樊哙是吕后的妹夫，眼下皇上病重，咱们可不能犯傻啊!"于是不斩樊哙,而是押送长安,让刘邦亲自去处理。果然,尚未到达长安,刘邦就驾崩了。于是,陈平在吕后面前就有了话说:"我奉先帝之命处斩樊将军,可我始终认为樊将军功大于过,怎忍下手?因此我只派人把樊将军送回来,听太后的发落。"

结果当然是"太后大悦"。陈平则被封为郎中令,在宫中辅助年幼的皇帝。

这之后,陈平还违心地拥诸吕为王,保住了右丞相之职,独居丞相之位,登上事业顶峰⋯⋯

陈平之所以能登上人生的巅峰,是因为他认清了在权力的博弈中,刘邦和吕后实力对比的关系。因此,才能够把握机遇,让自己的仕途大放光芒。陈平博弈的高超技巧,实在值得后人借鉴思索。

有些人可能会认为陈平对刘邦如此不忠心耿耿,实在令人不解。可是,假如陈平忠于刘邦,杀死樊哙就能阻挡住吕后登基吗?恐怕不能!因为那是大势所趋。此时,吕后的实力已经明显大于刘邦了。那样,陈平徒有忠义名节,可能无法保全自身,被吕后势力所害。因此,陈平这样做,是审时度势的结果。

作为下属,特别是谋士,就是为上司出谋划策的,而不是愚忠。如果因为愚忠而丧命,自身的才华怎能施展?何况,任何一个上司看重的都是你的才华而不是你徒有一颗忠心,更不是不识时务的执迷不悟。因此,如果你处在夹缝中,要审时度势,认清自己和双方的实力。否则,可能今后的人生会跌入低谷。

清朝乾隆皇帝好为人师,有时也嫉妒贤能。有一天,乾隆在宫中设宴,突然雷声大作,天下大雨,乾隆顿时灵感来临,脱口而出:"玉帝行兵，风刀雨箭云旗雷鼓天为阵。"群臣连声称好，然而阿谀奉承一阵之后，良久无人能对。乾隆便要纪晓岚续下联。纪晓岚推辞一番后，慢慢道出下联："龙王设宴，日灯月烛山肴海酒地当盘。"话音刚落，在座的大臣们一片赞叹。明显下联在气势上压过了上联。

此时的乾隆皇帝面无喜色，沉吟不语。这对于万乘之尊的皇帝来说，是不能接受的。

纪晓岚当然是明白人，见皇帝如此情态，忙解释道："圣上为天子，因此风雨云雷任驱遣，威震天下；臣乃酒囊饭袋，则只看到日月山海都在筵席之中。可见，圣上好大神威，为臣不过好大肚皮而已。"乾隆听到这些，立刻笑逐颜开，表扬纪晓岚说："纪爱卿饭量虽然好，如果胸中没有藏着万卷书文，也不会有如此大的肚皮。"

纪晓岚之所以随机应变，是因为他明白在自己和皇上的博弈中，虽然才华胜出，但毕竟在权力的博弈中处于弱势。生杀大权在乾隆手中，得罪皇上虽然不至于杀身但也会对自己不利，自己虽有满腹才华，也无用武之地，因此，不惜自贬身价，使自己脱了险。

也许你认为这是封建时代为人臣的可悲。的确，就像经济学家茅于轼所说的那样："……由于权力的供应有限，一个单位只能有一个领导，因而权力的竞争带有排他性，这种竞争给社会带来的利益和成本抵消之后往往为负，这就是内耗。"可是，这个故事给我们的启示是：不论环境怎样变化，不论时代怎样进步，都要讲究做人的艺术。能力要露，但不要让周围的人感觉到危险。当你展现自己的能力给其他的人时，不论是上级还是下级，只要发现带有一定的危险性时，一定要给他们一个台阶下，这样做也许能圆满地消除他们对你的不满意，不至于让这种不满成为你前进路上的绊脚石。

随着时代的发展，我们进入了市场经济时代。财富不像权力那样供应有限且具有排他性，是可以创造出来的。可是，即便是在创造财富的过程中，也需要众人捧场，合作打天下，尽管大多数都是平庸之辈。如果有能力很强的人，也要注意照顾到众人的面子，这就是人际关系在博弈中实力对抗的关键。在博弈中一定要做一个"肚里能撑船"的人，否则，就会出现"龙游浅底被虾戏"的局面。

再者，即便你跟对了实力强大的一方，也不能仗势欺人，把弱者赶尽杀绝。因为在斗鸡博弈中，强者的前进并不是没有限制的，前进和后退都有一定的尺度，一旦超过了这个界限，就会有一只斗鸡接受不了，那么斗鸡博弈中的严格优势策略也就不复存在了。因此，在现实生活中，即使运用博弈论中的斗鸡定律，也是要遵循一定的条件和规则的。

◆ 弱势时学会置身事外

社会是复杂的。不论在官场还是在商场，抑或是在职场，人们在争取和保全利益的过程中，必然要发生一些矛盾和冲突。个人的利益不可避免地会受到这样那样的威胁。在威胁面前，人们的主观愿望肯定是想保全所有的利益不受损失。然而，当客观情况不允许人们做到这一点时，特别是当你受到来自比你强大的两股势力的攻击时，你该怎么办？枪手博弈就是弱者生存的智慧。

枪手博弈又称为多方博弈。大意是甲、乙、丙三个枪手都对彼此怀恨在心，于是决定持枪决斗，生死交由天注定。其中甲的枪法最好，乙的枪法稍次于甲，丙的枪法则是三人中最差的。这场看似不公平的决斗就开始了。

关于决斗方式，可以选择同时开枪或者逐个开枪？如果规定逐个开枪，经过概率推论：

当甲同时向乙、丙开枪时，甲的存活概率为24%；

当乙同时向甲、丙开枪时，乙的存活概率为20%；

当甲、乙同时向丙开枪时，丙的存活概率只能是8%。因为丙的枪法最差劲。

如果同时开枪，很明显，枪法最差的丙还会最先毙命。

从以上分析看，丙在这场决斗中是最失意者，存活率也是最低的。然而人都是自私的，每个人都有自己求生求胜的策略。丙当然不会坐以待毙，因此，他提出三人同时开枪，并且每人只配一发子弹。那么，一轮枪战后，谁活下来的概率最大，经详细分析，得出的结论竟然是丙。

这是为什么？

对于枪手甲来说，乙对甲的威胁要比丙对甲的威胁更大，因此，甲一定会对枪手乙先开枪。

同样的道理，枪手乙的最佳策略是第一枪瞄准甲。只要将甲干掉，对付丙自然是小菜一碟。

那么，甲和乙两虎相斗必有一伤，或者两死，或者一死一伤，或者两伤。不论怎样，相持对决时，甲和乙都会有所伤亡。那么，丙就可以不战而胜，坐收渔翁之利。

假如将对决规则改为轮流开枪，而且每个人只能有一发子弹。先假定开枪的顺序是甲、乙、丙。即使乙躲过甲的第一枪，轮到乙开枪，乙还是会瞄准枪法最好的甲开枪，即使乙这一枪干掉了甲，下一轮仍然是轮到丙开枪。所以，无论是甲或者乙谁先开枪，丙都有在下一轮先开枪的优势。

对丙来说，如果轮到他先开枪应该对准幸存下来的谁呢？此时，丙的选择是向天空放一枪，不要伤到任何一个人。

为什么呢？因为丙枪法最糟糕，如果打不中甲或乙，自己的生命肯定会受到威胁。他们射击的成功概率远远高于自己。因此，丙的最佳策略是胡乱开一枪，只要不击中甲或者乙，在下一轮射击中他就处于有利的形势，他就总是有利可图的。

综上所述，一轮对决之后，甲被乙、丙同时开枪的概率最大，而甲还能活下来的机会少得可怜（将近10%），乙是20%，丙是100%。通过概率分析，你会发现丙很可能在第一轮就成为胜利者。

枪手博弈告诉了人们——弱者立于强者之中应怎样开枪才能使自己活下来的机会大一些。

博弈的结果是：甲会选择对乙开枪，而乙和丙都会选择对甲开枪。因为他们都必须先杀死对自己威胁最大的对手才有可能存活下来，并且在下一轮对决中占优势。

在多人博弈中，常常会出现一些令人意想不到的事情，并造成出人意料的结局。它不取决于同时开枪还是先后开枪，而取决于谁是最危险的分子。

在多方博弈中，其实最容易遭到打击的是强者之敌，因为他是最危险的人物。因此，其他人的枪口都会对准他。这样，最优良的枪手，倒下的概率将最高。而最蹩脚的枪手，存活的希望却最大。因为没有人会把威胁最小的枪手列为自己最强的对手。因此，他也是最为安全的。

枪手博弈就是弱者在与强者的博弈中智慧的显示。生活中，弱者欲在群强中取胜，需以枪手博弈论为战略。如果不懂得使用策略，一味蛮干，与人争强好胜很可能最终会伤害自己。所以，遇到事情的时候，我们一定要看清楚自己的立场，看清自己和对手之间的差距，找到自己的生存之道。

"向天空放一枪"也是一种置身事外的态度。很多时候，我们斗不过别人，唯有采用一种旁观者的角度来处事。置身事外是博弈的一种高手段，他的目标是在混乱的时候保护自己。当一场冲突很严重的时候不是打倒对方而是保护好自己才是最重要的，并且在这个时候找到有利于自己的位置。

学会置身事外是一种智慧，当你学会了这样的处世哲学之后，你看待事物的角度就上升到了一个更高的层次。当你与世无争的时候说不定你所向往的利益正在向你走来。善用此方法的博弈者，在生活、工作中就会游刃有余，使自己立于不败之地，为自己博得最大的利益。

◆ 让别人相信你是一个厉害角色

当然，即便是生活中的弱者，也不可能永远当缩头乌龟。当今社会，竞争非常激烈，如果你永远以弱者的面目出现，那样，就永无出头之日了。特别是当你面对对手的要挟时，一定要毫不屈服，果断予以反击，否则不仅会蒙冤受损，恐怕还会遭到周围人的嘲弄。

因此，你可以不触犯他人，但是，当他人侵犯你的利益时，一定要毫不妥协地拼到底。

撒切尔夫人之所以在男人占优势的政坛上站住脚，被人称为铁娘子，就是因为她态度坚决，敢于以牙还牙，面对怎样的打击和恐吓都从不轻易屈服。

1981年是撒切尔夫人执政的第三个年头。在这一年里，北爱尔兰爆发了要脱离英国欲独立的战争。事后，虽然以桑兹为首的人被捕入狱，但是，他们却宣布绝食。要求政府给予被关押的700名支持爱尔兰独立的共和军以"政治犯待遇"。撒切尔夫人坚决拒绝了这些要求。

没想到，桑兹的绝食得到了北爱尔兰天主教徒的热情支持。甚至，4月10日，在北爱尔兰一个以罗马天主教徒为主体的选区补缺选举中，桑兹当选为英国下院议员。当选的桑兹对外界发表了讲话，宣布要以绝食为武器抗争到底。这一事件立即引起了国际上的广泛关注。许多与爱尔兰相关甚至不相关的组织都派出重量级人物来到英国为桑兹说情，但撒切尔夫人一一给予了回绝。

桑兹绝食的第50天，他的健康状况急剧恶化。爱尔兰共和军成员扬言一旦桑兹去世，他们就要发动"全面进攻"。他们劫持并焚毁汽车，袭击警察，试图逼迫撒切尔夫人就范。在这种情况下，撒切尔夫人面临着更大的压力。此时，人们都以为撒切尔夫人要妥协了。但是，撒切尔夫人丝毫没有退让，她冷静地说："他们既然自愿求死，那就让他们死吧。当局尊重其个人意愿，但所提要求，一概不能接受！"

5月5日，桑兹因持续绝食死去后，爱尔兰当即爆发了更大规模的烧房屋、毁汽车、袭击警察等暴力事件，监狱里的共和军成员有70人扬言要集体绝食，以给英政府施加更强大的压力。但撒切尔夫人声称："今后不管有多少人绝食，政府永远不会给共和军犯人以政治犯待遇。"对共和军囚犯让步就是给他们"颁发屠杀无辜的许可证"。

这下，撒切尔夫人的强硬，在国际上引起了强烈反响。爱尔兰、美、法、希、葡、挪威和澳大利亚等国发生了不同规模的抗议活动。美国政界和舆论界对撒切尔夫人的态度纷纷提出谴责和非难。撒切尔夫人顽强地忍受着这一切。不管情势多么严峻，不论国内外的压力有多大，撒切尔夫人毫不退让。

终于，绝食者在历经7个月、死了10名同伴后，宣布停止绝食。撒切尔夫人以胜利者的姿态出现在世人面前。

撒切尔夫人对待打击和要挟表现出的不屈不挠的精神，以及处事果断、意志刚强的作风，对我们很有启发意义。弱者在面临生活的困境时，要有这种敢于放胆一搏的勇气和不怕打击的坚强的意志。

弱者常常处在社会的底层，不论财富还是地位都少得可怜。因此，也常常会遭受一些霸道的强者的欺压。此时，不能忍气吞声，要奋起反抗。如果你不反抗，就是给霸道的强者更多施恶的机会。只要弱者奋起反抗，强者也会退步的。因为越是弱者，越可以毫无顾忌，义无反顾。毕竟，光脚的不怕穿鞋的。

当然，要和强者博弈也需要智慧。因为自己本身是弱者，和强者的势力不在同一水平线上。那么，你可以开动脑筋，想出一个巧妙的方法，把自己不好招惹的名声宣传出去。

在这里，不妨借鉴一下古人的智慧：

南唐人张易担任歙州掌民钱谷和狱讼的通判时，刺史宋匡业常借酒装疯欺负人，没有人敢冒犯他。有一次，张易在赴宋匡业的酒宴前，先行喝醉，入席后没多久便借小事生气，摔酒杯掀桌子，还大呼小叫地乱骂一通。

宋匡业见了不知如何是好，只好说："通判喝醉了，不要惹他。"

此时的张易虽已声音沙哑，仍叫骂不停。不久张易要离去，宋匡业马上派人扶张易上马。从此，他对张易态度恭敬，不敢再像以前那样借酒醉欺辱别人了。

当然，要树立自己不好惹的名声，有时，仅靠自己一个人难以办到，因此，你可以借助一下身边的力量。

英国的一家大公司日常工作报销的费用开支很大，于是总经理聘请了一位面孔冷酷、资历很深的会计师，总经理还告诉所有的员工说："他是公司专门请来审核所有的报账费用账簿的，直接由我领导，任何被他揭发报假账的员工都必须开除。"

结果，这个会计师冷酷无情的面孔把部门主管们镇住了。每天早晨，主管们都会把一大摞各部门的费用账簿摆在这个会计师的办公桌上。晚上，又把这些账簿拿走。在会计师到任的一个月内，奇迹出现了，公司费用开支降低到原来的80%。

其实，这位被请来的会计师根本未曾翻阅过那些账簿，他只是利用自己威严的形象把人们镇住了。

在职场上，员工和老板的博弈也是最常见的现象。如果你是一位职场人士，那么你与老板之间所进行的最为"惊心动魄"的博弈，一定是围绕薪水进行的。在这种博弈中，老板会想办法对付员工，员工也会想办法对付老板。当然，相对于员工来说，在和老板的博弈中，自己是弱者。如果想要让老板给你加薪，却没有勇气去提，不管用什么博弈招数都没用，一切的重活累活都会落到你的头上，这就是不公平。长此去，别人也会小看你。

当工作和薪酬不成正比时，有些人选择的是另寻高枝。可是，到陌生的公司，一切都要从头再来，也不是一种明智的反抗方式。鉴于你与老板之间的地位不平等，去找老板谈是需要勇气的。这时，你要有勇气向老板的不合理要求说"不"！并且大胆地提出你的要求。如此，才不会给老板留下"软柿子好捏"的印象。

当然，这种博弈也要有智慧，在向老板要求加工资时，除了把加工资的理由一条一条摆出来，详细说明你为公司做了什么贡献而应该提高报酬之外，最重要的应该是确定自己提出的加薪数额。你提出的数额，应该超过你自己觉得应该得到的数额。否则，提的数额越低，在老板眼里你的身价也就越低。反过来，如果提的数额合理而且略高一些，会促使老板重新考虑你的价值，对你的工作和贡献做出更公正的评价，还会因此改变你的工作条件等。

如果你的理由充分，又有事实根据，老板会设法调整，最后达成有利于你的要求的可能性反而更高。他改变了对你的评价和判断后，会对你刮目相看。因此，在需要勇气的同时，更需要揣摩与试探对方的策略。

不论在生活中还是在事业中，不好惹的人都能够取得主动。因为这就是建立自己的品牌形象的重要性，这样就不必像其他人一样去花费一大笔钱来解决问题。因此，最好的策略就是让别人相信你是一个有能力的人。

当然，这种厉害也是在有理有据的基础上的。只有这样才能得到社会舆论和其他人的支持。这也是你在博弈中战胜强者的又一策略。

第五章 博弈中要有所保留

社会上，有些人特别是性格外向的人，总有这样一个毛病：肚子里搁不住事，有一点点喜怒哀乐之事，就总想找个人谈谈；更有甚者，不分时间、对象、场合，见什么人都把心事往外掏。这些人不明白，其实，并不是每个人都是你倾诉的对象。和人初次见面，或才见过几次面就掏心掏肺并不是明智的做法。毕竟，人和人之间从初次交往到彼此熟悉，成为朋友，需要一个过程，要给对方一个心理铺垫。至于对还不了解的人，更要有所保留。

在博弈中，对对方掏心掏肺的结果是把自己置于信息不对称的一方。别人看清了你，而你看不清别人。人性复杂，如果对方是别有用心的人，那么，你若一下子就把心掏上来给对方，用心和他交往，就有可能受伤。

◆ 与人交往，要懂得保护自己

行走在社会上，总要和形形色色的人打交道。这其中，有心地善良、真诚帮助我们的人，也有不怀好意、处处想骗一把的人。他们中有的是想骗钱，有的是为了耍弄心机，显示自己的聪明。可是，许多人在为人处世的博弈中不懂得设防，对谁都是一片好心，十分厚道，万分热情，不知不觉就成了骗子利用的工具。林冲就是这样一个典型。他不但在和高太尉的博弈中被骗，甚至在和陆谦、押解他的差人等博弈中都因缺乏防备心理而屡屡上当。

在《水浒传》中，梁山一百零八将个个都给我们留下了深刻的印象，但是，提到林冲，我们一定会认为他不像鲁提辖那么豪爽痛快了，人人都免不了要哀叹一声："唉，好人没好命啊！"

林冲生性耿直，爱交朋友。他武艺高强，惯使丈八蛇矛。这样一个威武不屈的"豹子头"，一个响当当的八十万禁军教头却突遭变故、家破人亡，不得不投奔梁山。除了林冲性格懦弱，不敢反抗外，主要原因是因为林冲太单纯，把身边所有的人都当成好人。

表面上看，林冲是因为带刀误入"白虎节堂"违背了军令。于是，高俅不管三七二十一，不容林冲争辩，就把林冲关进了大牢。但是，所有人都知道这是一个最大的骗局。

高衙内因为对林冲的娘子无法得手，卧床不起，高俅心痛。为了成全自己的干儿子，高俅只好找碴儿。高俅深知林冲做人正直，没有什么小辫子可以抓到。有什么办法既能抓住林冲，又能使林冲无话可说呢？经过一段时间的酝酿，最终，高俅决定陷害林冲来达到自己的目的。

高衙内有两个铁哥们儿，一个是"千头鸟"富安，另一个是陆虞候陆谦。当富安得知主子烦恼的原因后，便推荐了一个人——陆谦，让他完成骗林冲的任务。

第二天，陆谦来到林冲家中以喝酒为由把林冲骗出了家门。而高衙内趁机闯入林冲家中，欲对林冲妻子施暴。幸好林冲及时赶回家中，见此情形，一怒之下将高衙内痛打了一顿。

高衙内从林冲家中逃出来之后，心里又气又怕，又不敢对高太尉讲，气血攻心，一下就病倒了。高太尉看到这种情况，就把富安、陆谦两个人叫来，让他们想个办法。于是，林冲在激将法的蛊惑下，再一次被骗，买了刀。

结果，第二天一大早，就有两个差人来找林冲，说是高太尉知道林冲买了一把好刀，想叫林冲拿着刀去和自己那把比一比，林冲想都没想，就拿着刀，高高兴兴地跟着那两个差人到了太尉府。这实在是林冲头脑过于简单、心地过于善良的表现。

试想，高衙内霸占自己娘子的目的没有达到，高俅岂能这么快就与他握手言欢？林冲不但没有把高衙内的事情向高俅甚至上级反映，以警示高衙内，反而对老谋深算的高俅也毫无戒心。林冲如此单纯怎能不成为阴谋的牺牲品？试想，如果林冲不是心地善良，如果林冲提防了高俅，如果林冲早一步退出白虎节堂，就不会出现后面的事。高俅当初实施这个计划时，就是不动声色地借用了林冲的善良。

林冲被发配沧州后，高太尉又派陆谦暗中送给监押10两银子，要他们在半路杀死林冲。于是，当他们来到幽深的树林中时，找借口说："我们俩要睡觉，所以要把你绑起来。"这句话看似平常，确是两人的借口，这是在为下面杀死林冲做准备，让林冲无法反抗。可是，善良的林冲却毫无防备。

等鲁智深出现，要杀死两人时，林冲还求情说："师兄不要杀死他们。这不关他们的事，全是高俅要加害于我。"林冲还执迷不悟，竟然为歹毒的骗子求情，怎能不被人利用？

社会是复杂的，在人际交往中，有一种人就是当面一套，背后一套，明里是盆火，暗里可能是把刀。为了达到他们的目的，可以笑脸对待所有人，然而转过身去，就可能对"故人""恩人"等下毒手。因此，在为人处世的博弈中，特别是在和不怀好意的人的交往中，想要对付骗子，首先就要知道他们是怎样行骗的。

概括来说，世界上的骗术一共有三种：利益、亲情、要挟。骗子的这三张牌抓住了人的心理特征和性格弱点。因为许多人都有贪图小便宜的心理，所以骗子常会以重奖、提升等利益来诱惑你；亲情是这个世界上人们最为看重的，也是支撑人们事业成功的关键，因此，骗子常常以亲人病重或者出事等后院起火的方式扰乱你的想法；如果骗子对你的弱点有所了解，他们就会以此要挟你。比如，陆谦知道林冲不敢冒犯高衙内这个上司的儿子，因此，骗术才得逞。

在以上三种情况中，人们往往抵抗能力很低，在缺乏冷静分析判断的情况下，往往会在不知不觉中进入骗子的圈套。所以，大家一定要提高警惕，遇到类似情况，先不要激动，一定要冷静下来，判断分析其真实性，以免误入骗局。

总之，与那些不怀好意的人交往的过程也就是防骗、识破骗子花招的过程。因为他们的目的就是用尽各种手段和方式来骗你一把。因此，需要具备一双慧眼，更要懂得一些保护自己的方式。要多长几个心眼儿，识破他们的骗术，不要让自己像林冲一样，让骗子屡屡得手。

◆ 谨防有人背后放冷箭

人与人之间需要信任，特别是好朋友之间更需要以诚相待。但是，只有信任是不够的。因为利益当前，有的人首先会选择对自己有利的选择，而置朋友的利益于不顾。因此，在为人处世上特别是与好朋友的交往中，有时也不可全部掏心窝。有时即便你再怎样把朋友当成自己人一样看待，朋友总是朋友。一旦当你和他们的利益发生冲突时，他们也会做出有利于自己而有可能不利于你的选择。而且越是你身边最亲近、对你最了解的朋友，有时反而会伤害你最深。

中外历史上，因为对身边的人不设防，而深受欺骗和伤害的大有人在。在中国古代历史上，李斯对韩非，庞涓对孙膑，不都是好朋友设下的计谋吗？林冲也是被熟悉的朋友所害的典型代表，制造他人生悲剧的关键人物是陆虞候，这也是林冲的铁哥们儿。陆谦以前是林冲的朋友，因为惧怕高俅高太尉，又为了保住自己的官职，关键时刻，他背叛了林冲，不但把林冲骗走去吃喝，又叫人骗走林娘子，转眼就成了高衙内的一条很会咬人的走狗。

善良的林冲对朋友一向义气，更没有想到好朋友会伤害自己，因此，被背后的这个冷箭射落马下。因为陆谦太了解他了，所以才能弹无虚发。

这些英雄们的悲剧足令人扼腕叹息。

纵观古今中外，不论在职场还是在官场、情场，那些伤害你最深的人肯定都是最熟悉你的人，甚至是和你磕头结交拜生死朋友的人。因为他们对你太了解了，所以出手都是直击你的弱点、你的软肋。即便在现代社会，这样的悲剧也时有发生。

一个小伙子和一个哥们儿私交甚好，常在一起喝酒聊天。一个周末，小伙子备了一些酒菜约了哥们儿在自己家喝酒。两人酒越喝越多，话越说越多。酒意微醉的小伙子向哥们儿说了一件他对任何人也没有说过的事："我大学毕业后没有找到工作，有一段时间心情特别不好。一次和几个哥们儿喝了些酒，回家时看见路边停着一辆摩托车，一个朋友见四周无人便撬开锁，我就骑上去把车开走了。这都是混混们干的事，可我这个文明的大学生也会做出来，想起来真后悔。不管咋说，事情都过去了。我再也不会这样做了。只是感觉说出来心里还舒坦一些。你我是好朋友，相信你也能原谅我一时的冲动。"朋友当时没说什么。

三年后，小伙子由于表现突出，村里人一致推选他当村主任候选人。乡镇领导也尊重群众的意见，很郑重地找小伙子谈了一次话。小伙子也表示一定会加倍努力，不辜负领导的厚望。

没过两天，在当地进行公开的群众选举。但是，就在乡领导根据选票要提议让小伙子当村委会主任时，有人却高喊道：他曾经是个小偷，我们不能让这样的人当村主任。领导面临这种突然的变故，无奈只得宣布调查调查再说。

事后，落选的小伙子才了解到是自己的哥们儿从中捣了鬼。原来，在候选人名单确定后，那个哥们儿便把他那天酒醉后说出的话透露出去了。不难想象，这样的人品，群众怎能放心？

为什么身边的朋友会陷害自己最深呢？一是因为自己没有防备之心；二来也和他们自己固执、听不进他人的意见有关系。他们总是一厢情愿地把朋友视为生死知己，容不得别人说坏话。当然把别人的忠告也当成了耳旁风。

在王安石变法中，吕惠卿是王安石最看好、最重用的知己、朋友。无论大事小情，都要先和吕惠卿商量后才能实行，就连奏章都由吕惠卿代笔，已经把他当成了同舟共济的知己。但当王安石失势时，他马上翻脸不认人，极尽排挤、陷害王安石之能事。当时，司马光意识到王安石的问题出在用人不当，特别是任用了吕慧卿这样有才少德的"小人"，曾经在对宋神宗的信中和致王安石的信中都有所提醒。可是，王安石依旧我行我素。

最后，当司马光被吕惠卿排挤离京时，还提醒王安石注意吕惠卿，他是借变法之名为自己捞取政治资本。可是，王安石依旧当成耳旁风。

变法失败后，吕惠卿竟然把王安石之前给自己的"变法事未定，先不宜为皇上知"的亲笔信奉献给皇上，告王安石欺君的罪名。

可怜王安石，被这个"知己朋友"的暗箭射落马下。

其实，不光是王安石，社会上有些人之所以被亲信、密友所害，也有着和王安石一样固执的性格和一厢情愿的天真美好的愿望。

他们的思想中总存在这样的认识：好朋友肝胆相照，不会背叛自己。大家都这么熟悉了，低头不见抬头见，他们做出伤天害理的事情会不好意思的。即便有人提醒他们，他们也会想，连兔子都不吃窝边草呢？自己的利益不会受到什么损害。这样的思想让人们认定了自己与他们之间是重复博弈的关系，正是这种在重复博弈中出现认识上的盲点才让许多人走入了误区。

岂不知，"兔子不吃窝边草"是因为它不饿，是因为其他地方有着更令它向往的草。因此，它要利用窝边草来保护自己。可是，一旦当它发现窝边草比其他地方更加肥美，焉能不动心？有些人为了利益可以撕破面皮，不想再保持朋友的关系。在人人都讲利益的时代，仅凭友情有时是靠不住的，特别是当你面临和朋友一起分利益的时候。

如果你毫不设防，把自己一些不甚体面、不甚光彩，甚至是有很大污点的事情随便告诉一个别有用心的朋友，关键时刻，他会拿出你的秘密作为武器回击你，使你在竞争中失败。这时，以前你们反复进行的重复博弈随时就可能变成一次性博弈。因此，在为人处世的博弈中，要提高警惕，不仅要防范陌生人，还要防范身边的朋友。

天下没有不散的筵席。再要好的朋友也不会和你永远站到一条战壕中。他有他的人生目标，他有他的选择方向。因此，要防止被熟悉的人暗箭中伤，首先需要有一颗"防人之心"。有一颗防人之心，是每个人必须经历的一堂课。尽管我们都希望人人都像朋友一样友好，可是他人并非如此考虑。他们不会损失自己的利益去成全你，甚至会与你争夺哪怕一丁点儿的利益。因此，无论什么时候，我们都要明白，害人之心不可有，防人之心不可无。尽管我们应该善良地去处事，宽容地对待他人。但是宽容不是纵容，善良也不是毫无戒心，对狼一样的人不需要心存善良。

当然，这并非就是说朋友不可信，只是让那些对什么人都没有戒心的人多一个心眼儿。如果能有防人之心，又有识破他人心理的一双慧眼，那么你就可以及早发现危险信号，并且识破他的阴谋，让自己的利益受到保护。有一颗防人之心就会有所戒备，不至于出现东郭先生的悲剧。

◆ 怎样识别别有用心的人

社会上，人的个性是千差万别的。看似凶恶的人，却可能心如暖阳；而看似老实的人，却可能有着蛇蝎心肠。因此，我们不但要有一定的提防之心，而且还要具备一双能识别人心的慧眼。

一般而言，了解、识别人的办法有以下5种：

一是通过某些是非问题来了解其立场；二是告诉危难情况和灾祸，来了解其品行；三是给予其得到财物的机会，以观察其是否廉洁；四是嘱托其办事，以观察其是否守信用；五也可以在酒后看其言行。

那么，怎样才能识别出那些别有用心的人呢？

1. 拖延封赏

一般来说，赏赐和加官晋爵是小人所追求的目的，为了达到这个目的，他们往往会伪装成君子的样子。因此，在应该封赏时，你可以故意拖延，这时，他们往往会闹情绪或者做出背叛你的举动。那么，你就可以识别出这些人。

2. 远离阿谀奉承

小人最擅长的是阿谀奉承，他们这样做的最终目的是为了从掌权者身上得到回报，一旦他们取得掌权者的信任或任命，他们的真实嘴脸就会暴露出来，说不定会对有知遇之恩的人反咬一口。

孔子有句名言说："巧言令色，鲜矣仁。"因此，一定要留意自己身边一味说好话的人，切不可因为他说的都是自己爱听的话就重用他，提拔他，那样做无异于养虎为患。否则只会耳根受用心受伤。

3. 识别道貌岸然的伪君子

伪君子常常表面伪装得一副好人模样，暗地里却做着违反伦常、伤天害理、阴险狡诈的事情。如果你信任他，而疏于防范，反而会使自己所受到的伤害更大。因此，对于这些伪君子，你可以用利益来考验他，或者告诉他危难情况和灾祸，来了解其品行。如果他"大难临头各自飞"，那其他的一切显然都无从谈起。

4. 不要轻易相信外表柔弱的人

柔弱者大多并非什么恶人，之所以要对他们加以防范，是因为有些柔弱者有可能被奸者、邪者所利用。他们往往欺上瞒下，无恶不作；在强者面前奴颜婢膝，阿谀奉承；在弱者面前却盛气凌人，横行霸道。他们以柔弱来掩盖其真实的丑恶嘴脸，然后趁你不注意狠狠地戳你一刀。因此，千万不要以为他们柔弱的表象会给自己带来安全感，那只是自欺欺人。

宦官石显在皇帝面前显出一副柔弱受气的小媳妇神态，因此，他的柔弱博得了皇帝的同情和信赖。但是，他却充分利用皇帝对他的宠信而日益骄奢淫逸，滥施淫威，胡作非为。

由此可见，正是这种外表看来柔弱的人才善于耍弄手腕，以所谓的柔弱来蒙骗上司，以达到欺上瞒下的目的。如果你是他的上司，要小心被他利用；如果你是他的同事，要防备他实力增强时暗算你。

5. 坚决和赌友绝交

千百年来，有不少人都是被赌博害得家破人亡。人一旦嗜赌成性，便会从此走火入魔。因此，在交友中，千万不要和生性好赌的人交往过深。因为这些人往往是图谋你的钱财。对于赌友这类人的好心也要有所提防，否则，你就有可能悔之晚矣。

西部某国有公司的一位经理在澳门旅游时被一个好赌的朋友拉进了赌场。他小赌一把后偶有盈利，从此便染上赌瘾，一发而不可收。最终将国家的4000多万元人民币输进了赌场，本人也被绳之以法。

6. 防备"同舟"之人

"同舟共济"本来的意思是指在困难面前，彼此能够互相救援，同心协力。但是，朋友并非一成不变，个体的友谊可能经不起考验。建立在一定利益基础之上的"同舟"，总有各奔东西的一天。事实上，在一些时候，同舟之人未必总能共济，因此，我们有必要多长点心眼儿，予以防备。

朋友的改变有以下原因：

一是人品的改变。当面临大是大非时也是考验一个人人品的最好时刻。那时，你会发现，即便是曾经肝胆相照的朋友可能也经不起富贵的诱惑。因此，一旦朋友的人品发生了改变，这个朋友也就不用交了，否则就是在你的身边安装了一个炸弹，稍微不小心就会把你给出卖。

东晋大将军王敦的兄长在失去王敦的依靠后，想去投奔王舒。当时，他的儿子劝说父亲去投奔王彬，父亲训斥道："王敦生前与王彬没有什么交往，那小子那儿有什么好处？"

可是，他儿子说："王彬不趋炎附势，这就不是一般人能做到的。现在看到我们衰败了，一定会产生慈悲怜悯之心。而王舒一向保守，心胸狭窄，怎么会开恩收留我们呢？"可是，父亲不听，拉着儿子径直去投靠王舒，结果被王舒淹死在江中。

二是志趣的改变。俗话说：道不同不相为谋。当初是交心的朋友，现在却因为各自的趣味和志向而发生变化，此时不必勉强，否则他无意中的不配合也会坏大事。

三是交情的改变。随着时间的推移，两地空间阻隔，就算曾经是很好的朋友，也会变得陌生。假如你需要他们帮忙或者有要事和机密之事需要托付给他们时要慎重。在对你不了解的情况下，他们的行动很可能好心办坏事。因为他们身边也许存在别有用心的人。所以，千万不要贸然相托。

不论是朋友还是其他人，在你和他人的交往中，虽然时间可以考验友谊，但是，任何事情都应防患于未然，如若能练就在事前识别出奸人、小人的本领，则可将自己在博弈中受到的伤害降到最低限度。

◆ 热情过度，会适得其反

中国人热情，地球人都知道。热情总是受欢迎的。但是，热情要给人自然、舒服的感觉。如果不舒服，热情就会成为多此一举，就会落得个出力不讨好的结果。因此，热情也要讲分寸，掌握尺度，过了这个度，就会让人感觉不舒服，效果只能适得其反。

提起热情，人们会想到服务行业。在服务行业，对顾客热情相迎当然比冷冰冰地待客更让客人舒心满意，但如果不讲究分寸，服务过分热情了反而会引人反感。

比如，走进饭店，门口站着两排人，异口同声地说："欢迎光临"，再给你鞠上一躬，弄得你不知所措。客人进房间以后，都想休息一下，正在宽衣，门外却有人敲门：给您送茶。吃完早饭回来，已经有服务员在给你打扫房间，可你的东西还没收拾。吃过午饭，想休息一下，刚躺下，有人敲门给你送水果。这些过分的热情就是打扰，难免有些让人受不了。

而且有些热情还不分场合，把热情用错了地方，更让人无法接受。

在某国际会议中心，令人们想不到的是：每个厕所居然都安排一位服务员。当你轻轻推动厕所的大门时，门突然开了，里面站着一个人，这个人不是上厕所的，而是迎接你的。他一弓腰，引导你往里走。你站在便池边，服务员站在你身边，可想而知，客人是怎样的不自在啊！当你洗手时，他拿出一张手纸递给你。虽然热情周到，但是没有考虑客人的心理感受。厕所是隐私的地方，这种热情服务显然放错了地方。

这种过分热情的表现就是没有掌握热情的分寸。他们的这种过分热情就让人觉得吃不消，有种被侵犯了的感觉。

商家都知道顾客是上帝，也想让顾客享受当上帝的感觉。但是，上帝的隐私也不愿意被人知道，上帝也需要一定的自由度。如果商家不了解客户的心理感受，必定无法令客户满意。这些企业在和同行的竞争和博弈中恐怕也无法胜出。

这种热情过度的现象如果说是企业管理者的错误决策导致的话，那么，在某些员工身上也存在。表现在上下级关系中，有些员工总认为和老板走得近会表现出自己很有价值的一面，殊不知，这样并不会抬高自己的身价，反而会适得其反。过分的热情，会给人一种你在讨好上司的印象。

美美和她的上司年龄相仿，性格、工作风格也十分相似，因此经过几次接触后，关系变得特别好。他们不但在工作中配合默契，而且，上司每每出席一些宴会时都会带上美美。当然，美美也不负众望，不是替上司喝酒应酬就是和其他客人周旋，一切配合得天衣无缝。

由于两人在一起的时间比较多，上下级关系似乎也不明显了，平时在办公室忙完工作也会随便聊天，谈笑风生。这种情况，让那些对上司望而生畏的新员工无比羡慕。但是时间一长，这种关系就招来了员工的非议，有人说美美是上司的秘书，甚至有人说他们是情人关系。

上司听到后，从此就留了心，想慢慢地疏远美美。可是美美认为自己行得正，走得直，又没有做出格的事，依然如故。

有一天，上司正在办公室，美美像往常那样，没敲门就大步流星地走进去，笑嘻嘻地刚想开一些轻松的玩笑。没想到上司的脸色一下变了，厉声地对她说："这是上班时间，不要谈论与工作无关的事情！快出去！"

没过多久，美美就被调到了另一个部门。即使两个人偶然碰到，也只是尴尬地点一点头，再也没办法回到以前那种自然的状态了。

职场中，很多人都经常忽视这两个因素，以为只要搞定上司，就可以前途无忧。拼命地向上司靠拢，反而适得其反，不仅可能被同事算计，还会在上司那里彻底失去机会。任何把自己的地位建立在与上司保持亲密关系上的人，就像要在沙滩上盖一座坚实的房子一样是痴心妄想。看上去风景独好，其实一推就倒！职场人士切记，无论到什么时候，上司就是上司，你必须保持敬畏和恭维，保持几分仰视的姿态。这样一来可以维护他的权威和虚荣心；二来让你的同事抓不到把柄。

这种热情过度的现象不论在职场上还是生活中都存在。有些正在恋爱的人，不论大街上有多少人，也不论他们的关系是否达亲密无间的地步，都喜欢夸张地喊一声"亲爱的"，这明显是在利用热情。

人际交往的过程就是博弈的过程。太近则会被彼此伤害，太远则会关系疏远。有一定的距离感才是尊重对方的表现。但是，老实人常常不懂得这些，总认为亲密就要无间，保持距离就会疏远，因此对谁都热情有加，对朋友更是亲密无间。殊不知，只有距离才能产生美。即便是一对情侣，如马上步入婚姻殿堂的情侣们，如果热情过分，没有保持他们之间的距离感，一切也都会滑入混乱和庸俗的境地。

因此，不论在亲情还是友情、爱情等方面，要想为自己营造一个良好的生存环境，就应该与他人保持一个能产生"美"的距离。把握热情的分寸才是人际博弈中理性和自制的表现。这样，既让他人有安全感，也让旁人无法挖你的墙脚。

◆ 为人处世一定要把好口风

俗话说："一言可以兴邦，一言可以乱邦。"我们且不说兴邦还是乱邦，就这句俗话本身而言，也足以证明说话谨慎小心的重要性。

一对情侣到一家服装店买衣服，为了一条裤子讨价还价，老板坚持要60元，女孩坚持给50元。老板不卖，女孩拉着男朋友要走。老板脸色一变说了句："60块还讲个没完，真是没出息！没钱就别出来逛，丢人现眼。"

这话说得十分难听，那对情侣顿时火冒三丈，结果老板还来劲了，说出了更狠的话："像你这种身材，肥得像猪一样，一辈子买不到裤子！"这下女孩的男朋友可不干了，抓起老板的衣领就是一拳。

现代人比较注重人际交往的技巧，却最容易忽略人际交往的基本原则：平等与相互尊重。我们在和他人沟通的过程中，往往会因为一句话而引起他人的不悦，就是因为我们没有考虑对方的感受，而只是发泄自己的情绪，一吐为快。很多时候，一句在自己看来无关紧要的话很有可能在听者的心田划开一道无法愈合的伤口。

嘴边没有把门的有很多害处。俗话说：言者无心，听者有意，他会认为你是有意跟他过不去，从此对你恨之入骨。在人际交往中，如果我们总是想通过高明的技巧来战胜别人、征服别人、压制别人的话，那么身边的人都会纷纷离我们而去，不再与我们做朋友。因此，说话时一定要掌握好时机和火候，不然的话，一定会碰一鼻子灰。

老刘在单位有十几年的工作经验。他自恃有一定的工作经历，又是厂长的长辈，因此，处处显示自己"威武不能屈"的骨气。

一次厂长说了他几句，他当场就在厂长办公室里拍了桌子。"什么东西嘛，俺进厂子时，你小子还不知道在哪儿混呢？连你老子都要买我的账，你个小毛孩懂什么？"结果，厂长听到后，认为他太桀骜不驯，故意揭自己的短，之后找个理由就辞退了他。

在人际交往中，有些人性格直率，往往仗着和对方关系亲密等，说话时就会口不择言。其结果不是说到了对方的痛处就是让对方下不来台。尽管说者无意，但听者有心，因此，这种方式也往往令对方不满意。

小玲因为加班，路上又堵车，回家时早就过了晚饭的时间。老公早吃完饭坐在电脑前玩游戏了。小玲一进门，没好气地说："人家都饿得前胸贴后背了，你倒好，酒足饭饱，还玩游戏，真是好生活！"说完，小玲重重地把包扔到沙发上，本来想给她做饭的丈夫也没了兴致，此后，两个人一个月都不再说话。

不论是在古代还是现代，不论在官场、职场还是在日常生活中，因为口不择言、口无遮拦而得罪他人，甚至危及自身性命乃至事业前途的都大有人在。不仅在职场上，就是在生活中，如果口无遮拦，他人也会利用你的弱点，令你的人生步入黯淡的岁月。

一家省级研究单位中，有一位年轻的副主任，很有发展前途。他有一个幸福的家庭，在工作中也很受上司赏识。可是，他鬼迷心窍，竟为图一时的快乐，与本单位一个临时女工发生了不正当的关系。

这还不算，当领导找他谈话时，他居然振振有词地回答道："人生不就是图个快乐吗？我本来和妻子就没有什么感情，但是，离婚她又不肯，我为什么非要委屈自己呢？"

结果，这番话被他妻子知道了，妻子以受害人的身份把他和那名女工都告上了法院。理由是他们两人合谋要破坏家庭幸福。结果是，单位领导把那个女工开除了，他自己也被领导给予行政处分。当初在同事和上司心目中的好形象也破坏了，不仅离了婚，而且还赔偿了妻子一大笔精神损失费。

妻子把房产和孩子都要走了，他升职也无望了。每当单位考虑提升他时，总有人进言："连自己的生活都那么随便的人，对工作能认真吗？能领导好员工吗？"

于是，本来很有前途的年轻人一蹶不振，陷入忧郁痛苦之中。离婚三年了，至今仍光棍一条。

有句老话叫作"祸从口出"，口不择言、口无遮拦都是在感性情绪的支配下所产生，也就是平常老百姓说的，"说话不经过大脑"。这和理性的博弈是背道而驰的。这种说话方式注定在为人处世的博弈中是一个人生的失败者。

与人交往和交流，几乎就是在交心，应该学会体察对方的心思，体贴对方的心理和需求，不能张口就来，甚至哪壶不开提哪壶。因此，为人处世一定要把好口风，要管好自己的嘴巴。什么话能说，什么话不能说，什么话可信，什么话不可信，都要在脑子里多绕几个弯子。

把门

为了避免产生语言冲突，在你说任何话之前，都该先想想："我的批评是有害的、还是有益的？"有时候，当对方的缺点和错误无法回避，必须直接面对时，当你指出对方不足时，要顾及场合，别伤到对方的自尊心。对于个性较为开朗者，或许没有必要回避，但在生性多疑且自卑者面前，即便是最要好的朋友，你也要特别注意。你若触动其心事，也有可能反目成仇。所以，你还是不提为妙，口无遮拦只会自讨没趣！最好不要主动引发有可能令对方尴尬的话题。如果是指出上司的错误，必须懂得避重就轻，委婉地传达信息。

其次，人应该学会把难听的话包装起来，这样也可以把坏事变成好事。

据说，司马昭与阮籍有一次同上早朝，忽然有侍者前来报告："有人杀死了母亲！"放荡不羁的阮籍不假思索地说："杀父亲也就罢了，怎么能杀母亲呢？"此言一出，满朝文武大哗，认为他"有悖孝道"。阮籍也意识到自己言语的失良，忙解释说："我的意思是说，禽兽才知其母而不知其父。杀父就如同禽兽一般，杀母呢？连禽兽也不如了。"

一席话，竟使众人无可辩驳，阮籍避免了遭众人谴责的麻烦。其实，阮籍在更口之后，只是使用了一个比喻，就暗中更换了题旨，然后借题发挥一番，巧妙地平息了众怒。

人与人的接触，即由双方的交谈开始，这种情形好比面对扩音器说话，说的什么，听到的就是什么。在很多的情况下，如果能多花一些时间，设身处地地为他人着想，多一份尊重、多一份相互的关怀和理解，让语言变得更加柔和、委婉，在人际交往的博弈中就能赢得众人的爱戴，让人际关系更加和谐。

第六章 聪明人在博弈中都是大智若愚

在股票市场，很多人总在等待有人从自己手中高价买走那些根本不值钱的股票，这就是"博傻"游戏。甚至，有些人特意买进这些没有任何潜力的股票，充分利用"博傻"的规则高价卖出，从中获取暴力。

其实"博傻"是一次性博弈中惯用的招数。因为只是一次性的交易，人们往往无所顾忌地去进行这种"博傻"对抗。在他们看来，如果找到了"冤大头"，所赢得的利润当然可观。可是，"博傻"游戏最关键的判断是：有没有比自己更大的笨蛋。如果没有人愿意出更高的价钱来买你的东西，那么那些看似聪明的人就成了最大的傻瓜。

因此，古希腊著名的哲学家苏格拉底在雅典的时候，一再告诉自己的门徒："我只知道自己一无所知。"但凡聪明的人在为人处世的博弈中都是大智若愚、呆如木鸡的。

◆ 最大的愚蠢是自作聪明

争强好胜是人的天性，表现在博弈中就是每个人都过于自信，总相信博弈的对方是傻瓜，而自己最聪明。如果总把对方当傻瓜，你的危险概率就会大大增加，因为别人的心思不是你能够了解的。大多数人在和对方的博弈中倒了大霉就是因为太自作聪明。

　　有两位古董收藏商分头到乡下去寻找古董。第一个商人经过一间小茅屋，走进去问："是否有什么可以卖的东西？"屋里的小女孩对妈妈说："我们屋后不是有一只青花瓷盘吗？拿出来让他看看。"

　　于是，母亲从一堆杂物中翻出一个脏兮兮的盘子。商人拿在手里掂了掂后用力刮了一下，发现盘子竟然是宋代的邢州官窑瓷器，他大喜过望。但是，想到这两个乡下女人没有见过什么世面，于是鄙视地说："我当是什么宝贝东西呢！原来是一只没人要的盘子。不过，看到你们母女生活困难的情况，我就算帮你们吧。这个盘子3元钱。"

　　母女俩一听这个价钱，拒绝了商人："我们留着盘子喂狗吧。"于是，商人先去其他地方转了。他想，等会儿母女俩卖不出盘子后再稍微抬高价格。

　　过了一会儿，第二个商人也沿着这个方向来找同伴，恰好也走到了母女俩住的这间屋子。小女孩见又来了一个收古董的，便让妈妈把那个青花瓷盘再次拿出来。妈妈可不愿再遇难堪的场面，可是，女儿一心想用卖盘子的钱为自己买个漂亮的发卡。于是又拿出了那个笨重的盘子。

　　没想到第二位商人一看就告诉她们说："这只盘子很有收藏价值。如果你们留着没什么用处，我愿出高价购买。行不行？"

　　"当然行啦！"母女俩一听迫不及待地说。

　　等第一位商人再来和母女俩讨价还价时，母女俩把他痛斥一顿。商人急忙逃出来，后来看到同伴手中的盘子时，后悔莫及。

　　凡是自作聪明的人总是从自己的角度去猜测问题，一厢情愿地希望事情按照自己的主观愿望来发展，结果只能适得其反。

以前中俄边贸红火时，中国人常常把各种杂货都拉过去卖，而俄罗斯人通常是不检查就收了下来。因为他们知道，那些尽管是旧货，但绝对是真货。由于气候寒冷，他们特别喜欢买中国的羽绒服。这时，一些财迷心窍、自作聪明的生产商认为俄罗斯人不懂行，更不会拆开羽绒服检查，于是在做羽绒服的时候，便将稻草和鸡毛都塞了进去。

俄罗斯人当时可能没有检查，但是他们在穿过一段时间洗涤时发现了这个问题，于是马上采取措施，那些羽绒服生产商和经销商的利益明显受到了影响。

在山东也发生过这样的事情。当时山东有一个蕨菜生产基地，专门向日本出口蕨菜。日本人的要求是把蕨菜放在太阳底下晒干了以后，再打包运到日本。但是，自作聪明的村民认为这样做时间太长，于是他们就把蕨菜拿回家用锅烘烤。这下，大大节约了晒干的时间，村民们可以有更多的时间去挖蕨菜来卖了。他们对自己的发明很是得意。

烘烤确实比较省时间，而且同样可以达到干燥的效果。但是日本人运回去后却发现，用水泡不开，无法达到速食的目的，于是他们就警告村民千万不要用锅炒，一定要放在太阳底下晒才行。但是，有一部分村民为了自己的利益，仍然将蕨菜偷偷放到锅里炒。

结果，日商发现这个现象后，在一天之内就完全断绝了和这个地区的蕨菜交易。这个地方的信誉也受到很大影响。

从以上两个事例我们可以看出，这些人之所以会在外贸合作中失败，并不是外商故意吹毛求疵，而是他们把自己想象得太聪明了，总把对方当成傻瓜看待，结果，自己却反而落得了被淘汰的结局。这些人就像酒吧博弈中的人们一样，总是把自己的意志强加于他人身上，试图根据自己以往的经验来判断他人。然而，生活中，他人的心思远远不是自己能够猜测到的。

在酒吧博弈中，尽管许多聪明人都从自己的经验出发来猜测星期天来酒吧的人数，但是，酒吧的真正人数并没有按照他们猜测的结果出现。酒吧博弈给我们的启示是：完全没有必要挖空心思地猜测别人，更不能把他们看成傻瓜一般。自作聪明，就无法对博弈成本和收益进行明智的权衡，更不懂得对博弈机会的真正运用。

不可否认，不论在工作还是在生活中，有的人事事都要表现得比别人精明能干，在他们看来，别人都是笨蛋，只有自己最聪明。殊不知，看似精明的人其实成功起来反而会难一些。一般来说，人性都是喜直厚而恶机巧的。如果你处处显示精明，那么，你还未开口，别人已经把你当成了假想敌，处处防备着你，最终，一个机关算尽的人最终会将小聪明算到自己身上。俗语说，"搬起石头砸自己的脚"，正好是"聪明反被聪明误"的绝好写照。

特别是在职场中，如果和你博弈的是位高权重，直接领导你或者可以影响你的顶头上司，那么，就不要自作聪明，试图猜测领导的心思。在这方面，杨修的教训值得吸取。

虽然，我们现在的时代早已不是那个人性被摧残的时代，但是，如果你的博弈对象是像曹操一样性格多疑的顶头上司，那么，自作聪明地试图猜测上司并不合适。即便猜对了，他们也不会承认，因为那样，领导就没了面子。

西方有这样一种说法，法兰西人的聪明藏在内，西班牙人的聪明露在外。前者是真聪明，后者则是假聪明。培根认为：不论这两国人是否真的如此，但这两种情况是值得深思的。他指出：生活中有许多人徒然具有一副聪明的外貌，却并没有聪明的实质，是小聪明，大糊涂，冷眼看看这种人怎样机关算尽，办出一件件蠢事，简直是令人可笑。这种假聪明的人为了骗取有才干的虚名，简直比破落子弟设法维持一个阔面子的诡计还多。但是这种人，在任何事业上也是言过其实、不可大用的。因为没有比这种假聪明更误大事的了。

英国19世纪政治家查士德博士曾直白地训导他的儿子说："你要比别人聪明，但不要告诉大家你比他们更聪明。"如此看来，人还是傻一点儿好，不够傻的话，就装装傻吧。

提起傻子，人们会想到那个扶不起的阿斗刘禅。有一天，司马昭设宴款待刘禅和大臣们。当演奏到蜀地乐曲时，群臣流泪，刘禅却嬉笑自若。司马昭借机问："你思念蜀国吗？"刘禅答："这个地方很快乐，我不思念蜀国。"

此时，大臣谷正闻言，连忙找个机会对刘禅面授机宜。于是，当司马昭又一次问刘禅时，刘禅回答："先人坟墓，远在蜀地，我没有一天不想念啊！"司马昭闻听，惊讶地问："咦，这话怎么像是谷正说的？"刘禅一惊，急忙说道："对，对，就是谷正教我的。"

虽然，生活中，谁都不希望像刘禅这样傻，但是，智和愚对人的一生的命运的确影响极大。如果没有什么本事的人，只靠耍小聪明行事，最终会聪明反被聪明误。而那些"博傻"、守拙的人，虽然表面上愚拙，其心灵深处则知法明理，他们才是真正的为人周到、处世练达的人。因此，不是真傻的人，有时也不妨"博傻"。这也是一种远远高出世人的处世境界的智慧人生。

◆ 锋芒该藏则藏，该露则露

中国有一句成语叫作"锋芒毕露"。锋芒，本指刀剑的锋利。如今人们把它比作人的聪明才干。在适当的场合显露一下自己的"锋芒"也是有必要的，但是不掌握个度，也会适得其反。

三国时的才子祢衡的杀身之灾，全因他的才气和性情所致。人有才情，本是天赐良物，正好周济人生。祢衡却相反，恃才傲物，因情害事，不知天下大于人才，权柄重于才情，最终冒犯权贵，以身涉险，终被人杀，使个性才情而不得善终。

祢衡虽然已成历史，但是，在现代社会中仍有这样一种人。他们自视颇高，也有一些才华，于是处处锋芒毕露，处事不留余地，待人咄咄逼人。结果，虽然他们有着充沛的精力、很高的热情和一定的才能，但在人生旅途上却屡遭波折。

有些人总以为自己有才能就能赢得重用，顺利走向成功。但是，人们要在社会上生存，就要和他人打交道。就像卡耐基所说：人们之所以成功，75%是正确处理人际关系的结果。处理人际关系虽不是要我们八面玲珑，但是也需要考虑他人的感受，适当讲究一些策略和手段。

虽然锋芒是事业成功的基础，但锋芒可以刺伤别人，也会刺伤自己，过分外露自己的才华容易导致自己的失败。无论你采取什么样的方式直接指出别人的错误：或是一个蔑视的眼，或者一种不满的腔调，或是一个不耐烦的手势等，都等于在告诉对方：你不如我。这无异于否定了对方的判断力，打击了他们的自尊心，还伤害了他们的感情。这样做不但不会使对方改变自己的看法，还会引起他们的反击。即使你搬出所有的权威理论和所有的铁定事实也无济于事。

刚就业的那位大学生是锋芒毕露者的典型，这类人在工作中不能处理好包括上下级关系在内的各种关系，即便在生活中也不会讲究策略与方式，不注意维护他人的面子并且还会处处碰壁。结果不仅妨碍了个人才能最大限度地发挥，还会招来种种诽谤、妒忌猜疑和排挤打击。最终，自己的才华不但不能引领自己走向成功，却因屡受挫折而一蹶不振。这是为人处世方面博弈的大忌。

锋芒毕露者在博弈中往往会按捺不住，要处处抢占先机，想显示自己，以为先下手为强。其实并不是明智的做法。在你对对方的手段不了解时，这样做无异于暴露自己。对方通过观察你的选择，同时会做出置你于不利境地的决定。如果时机不到，锋芒毕露会把自己暴露在战火纷飞的壕沟外，容易招致明攻和暗算。过早将自己的底牌亮出去，往往会在以后的博弈中失败。这样的人就像在山林中最为清秀的树，因为过于标榜自己的与众不同，终会成为众矢之的。

而且锋芒毕露有时会功高盖主。而功高盖主会让上司不高兴，觉得自己的地位受到威胁，只要一有机会，就会把你踹下去。因为人与人之间往往同患难易而共荣华难。君不见，在中国历史上，打江山时，都是各路豪杰汇聚在一个麾下，各个锋芒毕露，一个比一个有本事。主子当然需要这批人杰。但当天下已定，这些虎将功臣不会江郎才尽，总让皇帝感到威胁。所以屡屡有开国初期斩杀功臣之事，所谓"飞鸟尽，良弓藏；狡兔死，走狗烹"是也。韩信被杀，明太祖火烧庆功楼，无不如此。

博弈也需要进行一定的成本估算，特别是和了解自己内情或者能控制自己的人博弈时，如果先出手，得大于失，可以先出手；如果你的生存权控制在对方手中，不明白对方的出手谋略时，最好先试探，否则只能是失大于得，这种博弈的成本就太高了。

明智的做法是，若不想让对方赢，就要想办法别把自己的心思表露在外，特别是羽翼未丰时，更不可四处张扬。《易经》乾卦中的"潜龙在渊"，就是指君子应待时而动，要善于保全自己，不可轻举妄动，不能让自己光芒四射的才华杀伤他人，特别是不能让身边的人成为你的绊脚石。

很多聪明人在成功时急流勇退，在辉煌时反而表现得很平淡，就是表示自己不想再露锋芒，免得从高处摔下来。实际上，这不是最好的办法，真正的高招是虽位居显位，但依然把自己藏得好好的。因此，要给自己留一点退路和余地，平时应把自己的锋芒插在刀鞘里。

生活中往往会出现这样的情形：某人在你的面前显得畏畏缩缩，不敢高言大声，因为他的地位或是学识没有你高；某人在交往中对你低声下气，因为他有求于你。在这种情况下，你更应该注意言谈举止，切忌透露出咄咄逼人之气。

有人认为，不露锋芒就会埋没自己的才能和才华。其实不然，不露锋芒者有一种实至而名归的特色。藏锋并不是永远收藏，只要一有表现本领的机会，你还是要充分把握，表现出过人的成绩来。

锋芒就好像是你额上生角。如果你自己不磨平，别人必将用力折断你的角。因此，什么时候都不要把自己包装成一个专业得不能再专业的精英。社会上，那些很有才华的人，他们都有一个共同的特点，那就是毫无棱角。这不是他们不够聪明，恰恰相反，这是因为他们懂得藏锋是对自己有好处的。

在南极大陆上，企鹅是令人喜爱的"绅士"。它们身"穿燕尾服"、一步三摇。可就是这些"绅士"们也会互相争吵、打闹。它们大多会为一块鹅卵石而开战。

因为企鹅要在极恶劣的气候条件下进行繁殖，需要足够的鹅卵石抵御风寒。所以，为了争得宝贵的鹅卵石，它们经常站在雪白的海滩上呐喊厮杀。当更多的企鹅也加入进来时，整个海滩便成了喊杀声震天响的大战场。

尽管它们吵得乱成一锅粥，但当看到一只低头走路的企鹅时，谁也不会伤害它，反而会自动地为它让开一条路。因为企鹅急着回家照顾小企鹅时是只顾急匆匆低头走路的。

这只低头走路的企鹅告诉我们，要学会低调。低调就没有人注意你，也不会伤害你。

当然，屈是为了伸，藏心是为了蓄志。在博弈中，在恰当的场合显露锋芒是十分必要的。真正聪明的人，会懂得锋芒该藏则藏，该露则露。他们往往不鸣则已，一鸣惊人。这才是博弈最好的结果。

◆ 在普遍性中找到自己的乐趣

　　同流合污一向是贬义词，如果你告诉人们在为人处世的博弈中要多"同流"少"合污"，人们一定大惑不解，甚至会引起非议。但是，多"同流"少"合污"的意思是指：做人必须合群，入乡随俗。如果与世不合，违背人际规律办事，无异于背道而驰，即使付出的努力再多，也是劳而无功、枉费心机罢了。

　　海端可谓是历史上的大清官。他一生都在与万人之上的皇帝博弈、与同僚博弈。表面上看，同僚为之侧目，连皇帝也让他三分，对他无可奈何，但事实上他已四面树敌。特别是当他提出"重典治吏"时，无异于将自己放在了与全体同僚博弈的对立面，导致了群起而攻之的局面。皇帝也趁机把他当作向吏治腐败开战的挑战者，让他一人赤膊上阵。可想而知，海瑞在这样的局面下肯定会被打击得伤痕累累。

　　虽然，海瑞的政治理想和抱负无法实现和那个政治体制不健全的封建社会有关，但是，海瑞的人生悲剧给我们的启示是：当你要实现自己独特的主张时，不妨从众人的角度去考虑一下他们怎样才能接受，变换一下行事的方法，达到说服众人的目的。这也是一种同流和从众。

　　社会有时是一片是非之地，人际关系微妙、复杂，许多未知因素不可低估。试想，你率性潇洒，不顾他人的感受，对社会大众来说，无疑会引起"众怒"。即便你的亲人、朋友能宽容你，他人能宽容你吗？

　　再者，如果遇到那些拿枪使刀的人、耍弄权谋的人、心怀叵测的人，你富有个性，无异于把自己暴露在他人的十面埋伏之中，这是一种十分愚蠢的行为。因此，还是让自己的行为规范符合大众的行为为好。

这个故事你可能听说过。古代，有哥儿俩要去异国做生意。但是，这个国家是个"裸人国"，无论男女老少都不穿衣服。

哥哥见状说："这儿的人简直没有羞耻之心，竟然连衣服都不穿，我看不惯。我可不能光着身子与他们往来！"

弟弟却说："要想在这儿做好买卖，实在不容易。可俗话说，'入乡随俗'。只要我们照着他们的风俗习惯办事，想必不会有什么问题。"但是，哥哥绝对不答应。于是，哥哥离开了，弟弟先进入裸人国。当然，没过几年，弟弟的生意就由小而大发展起来。原来他做的正是服装生意。他从一双鞋开始，逐渐过渡到服装。裸人国的人从来没见过穿衣服的人。看到弟弟的模特都穿着衣服，很好奇，也开始模仿。就这样，弟弟既做成了生意又不知不觉改变了当地人们的风俗习惯。而哥哥呢？拂袖而去后因为到处都会遇到看不惯的人和事，始终也找不到合适的合伙人，最终没有做成一笔生意。

·

也许你过去一直习惯生活在自己的世界里，但当你突然需要和一些陌生的人共事的时候，你将面临一个艰难的选择：抹杀个性，与他们"同流"？你可能会觉得庸俗、无聊甚至低人一等。如保持自己的个性，不"同流"，你会渐渐发现自己的工作越来越困难，虽然自己谁也没得罪，可一些负面评价老是陪伴你左右。

我们都有过这样的经验，如果一个人在服饰、言行等方面独树一帜，不能与集体中大多数人的方向和水平保持一致，就很容易引起人们的"另眼相看"，并被打入另类的花名册。如果你坚持自己的清高独立，不和同事做朋友，不和同事说知心话，不和同事分享秘密，每天例行公事后，就埋头看书，那么，与同事的关系就会越来越疏远。虽然在工作中倡导创新、标新立异，但是，在人际关系中，凡事不一定都要以自我为中心，处处显示自己的与众不同，可以随大流，混沌生存。

人毕竟不能都去过独居的生活，既然要成为社会人，就要学会与人共事的技巧。特别是对于职场新人来说，要想进军职场，必先悟透职场法则。那就是：如果处理不好与同事的关系，就有可能在工作中遇到来自他们的方方面面的刁难，这会使你感到孤立和无助。因此，不管你情愿不情愿，你必须与自己办公室的那些小圈子里的人"同流"，不能对非圈子里的同事采取排斥态度。即使看不惯同事之间的小圈子，你也得习惯与小圈子里的人打交道。这种"同流"就是一种适应，对新环境的适应，对新同事的适应，对新邻居、新朋友的一种适应。只有这样才能在职场博弈中取胜。

但是，随大溜儿也不是没有原则的，特别是在大是大非面前，如果大多数人坚持的是违背原则的，那么就坚决不能"合污"。

受人尊敬的大学问家伏尔泰曾经参加过一个为人不齿的团伙的狂欢。朋友得知后很不理解。可是，伏尔泰为自己找了一个很有说服力的理由，那就是调查社会底层人的生活情况和心理意识。可第二天晚上，这个团伙的人又邀请他参加。"噢，伙计，"伏尔泰神秘地说，"去一次，不失为一个哲学家；去两次，就跟你们同流合污啦。"一旦"同流"可能引起大是大非问题，那你就要划清界限。

俗话说："近朱者赤，近墨者黑。"比如，你身边的一群人是自私自利的，整天想着怎样少干点，多挣点，甚至不惜利用自己的权利以权谋私，并且试图把你也拉下水，那你最好远离他们。因为"同流"是有前提的，那就是不影响集体利益，不损毁个人形象。

从根本上说，在社会上行走，要收敛个性，适应他人，适应社会。别人都站着的时候，你不要一个人坐着。在与同事、与身边的人博弈中，多"同流"少"合污"也是保护自己，这是取得大多数人支持的博弈法宝。

当然，你不用富有心机、满腹城府地去为人处世，也不用失去很多性情上的乐事和人生的潇洒，毕竟，大多数人追求和适应的行为规范就是社会认可的。在普遍性中你仍然可以找到自己的乐趣。

◆ 表面装傻，心中明似镜

痴者，傻而愚笨也；癫者，精神错乱也。既然是假痴不癫，那么就不是真傻，而是表面上装作傻瓜，内心却异常清醒，精神一点儿也不错乱。

假痴不癫也是一种"博傻"的应变术。表面上装疯卖傻，其实，心中明似镜。这种"博傻"的目的就在于敢于表现得比对方傻，看看谁到底是最大的傻瓜。这样做的目的，有时是处于劣势时以掩饰自己的，避免政敌对自己的警惕和陷害；有时就是以其人之道还治其人之身。结果，往往令对方哑口无言。

从前，一个人拉着装满黄豆的车子，要上坡时很费力，无法前行。于是，他对身后行走的两个年轻人说："请二位帮我把车子推出这段险路吧。"

两个年轻人想，我们素不相识，你求人倒挺大方，于是反问道："如果我们帮你把车子推上去，你将给我们什么东西作为酬劳？"

拉车的人低头回答说："无物给你们。"

谁知这两个年轻人听后，二话不说就开始帮他推车，一直到平坦的下坡的地方才停下。

拉车的人放下车子擦擦汗，连忙说："谢谢二位，真是太感谢了！"然后他拉起车子就想走。此时，一个年轻人对他说："好了，请兑现你的承诺吧，把无物给我们。"

拉车人闻听，很是尴尬，没想到这两位年轻人竟然当真了。他刚想解释，另一位年轻人接着说："既然你答应给我们无物，就必须有无物！现在你兑现吧！"

拉车人没想到世界上有听话不听音的蠢笨之人，因此试图用"无物"来为自己开脱。这两个年轻人虽然听明白了拉车人的意思，但是，他们装作很傻的样子要让拉车人兑现，就是因为抓住了"既然拉车人答应给无物，就必须有无物！"的假设成立的条件，因此，才能要挟拉车人兑现。由此可见，"博傻"的人其实并不傻。这就是人们通常所说的"大智若愚"。

装傻，看似愚笨，实则聪明。《菜根谭》说："鹰立如睡，虎行似病。"也就是说老鹰站在那里像睡着了，老虎走路时像有病的模样。其实，这就是它们捕食猎物前的手段。装傻是为了愚人耳目，有真功夫却深藏不漏。一般来说，胸有大志的人，在没有达到自己的目的之前，那就更要用如睡似病的外愚内智处世方法。古时有"扮猪吃虎"的计谋，"若愚"到像猪一样，表面上百依百顺，使对方不起疑心，一旦时机成熟，即一举把对手了结。所以一个真正有才德的人应做到不炫耀，不显才华，这样才能很好地保护自己。

在为人处世的博弈中，即便不是面临竞争对手，那么装傻也是人们立身处事的法宝。所谓"藏巧守拙，用晦如明"，不矜功自夸，可以很好地保护自己，即既能够傻，又愚得起，使旁观者深信不疑。

在历史上，秦桧可谓是个谋害忠良的大奸臣。可是，一个用心不良的人居然能够爬到如此高的地位，肯定有他的独特之处。这里，我们撇开秦桧的人品、道德不讲，单看他在为人处世中是怎样巧妙周旋的。

南宋时期，秦桧权势炙手可热，不但各地官员纷纷给秦桧送礼，甚至连皇后也巴结他。

有一次，皇后召秦桧的夫人王氏入宫，在赐宴的时候有一道非常名贵的菜——淮青鱼。当皇后得意地介绍淮青鱼时，秦桧的夫人想都没想，就说："这种鱼，我们家比这大的多的是，改天我给您进奉几条。"

王氏以为自己奉承了皇后，回到相府后便告诉了秦桧。秦桧听了自然想到老婆这样说会引起皇后的不满和怀疑，因此，教训完老婆后的第二天，秦桧就派人把100条腌青鱼送到宫中。

皇后看到，得意地笑道："原来秦桧夫人说的是这种鱼啊！我就知道她这个乡下妇人，没见过世面，连腌青鱼和淮青鱼都分不清。"后来，秦桧听说后也说："是啊！我们家只有这种鱼啊！皇后是见过大世面的，不像我们连鱼都分不清。"

其实，秦桧怎么会分不清腌青鱼和淮青鱼呢，只是他知道，此时如果分清，自己的贪污受贿行为就会引起皇后的怀疑。因此，他就装作自己也不知道腌青鱼和淮青鱼的区别一样，将错就错，送了便宜的腌青鱼充数，挽救了危局。这也是一种装傻。

不论采用何种方式的装傻，都是为了蒙蔽对方，保护自己。这样对方也会因为你的蠢笨放你一马。因为在对方看来，你没有战胜他们的资本，因此，只要能不让对方看到破绽，这种"博傻"就是成功的。

第七章　正和博弈，赢得双赢

在英国工业革命方兴未艾时，以发明发电机而闻名的法拉第为了能够得到政府的研究资助，曾经去拜访首相史多芬。

虽然法拉第滔滔不绝地讲述着这个划时代的发明，但史多芬的反应始终很冷淡。作为一个政治家，他对深奥的物理原理听不懂，因此，对法拉第手中缠着线圈的磁石模型一点儿也不感兴趣。

可是，当法拉第说道："首相，这个机械将来如果能普及的话，必定能增加税收。"听了这句话，首相的态度突然有了极大的转变，一下变得非常关心起来。

司马迁曾经说："天下熙熙，皆为利来；天下攘攘，皆为利往。"现实中的人，除了精神上的需求之外，还有利益上的需要。每个人都有利己的一面，对于利益攸关的事情没有人不上心。因此，要想为自己争取最大利益，得到众人的支持，必须先满足对方的利益。

要满足对方的利益，就要选择"正和"博弈。只有正和博弈才有合作的可能，赢得双赢甚至多赢的局面。

◆ "自损八百"是不明智的

所谓"零和博弈"就是博弈的双方得失总和为零，即一方的得益正是另一方的损失。在"零和"游戏中，胜利者的光环往往是用失败者的辛酸和苦涩换来的。在零和博弈中，每个局中人都想让对手遭受最大的损失。在他们看来，自己的利益就是建立在对方损失的基础上。没有合作的空间，所以，当一方想要某样东西的时候，就会不惜一切把对方赶尽杀绝。

据网上报道，湖南有一家工厂在矿业开发中不仅滥采滥挖，而且丝毫不顾及附近居民的安全。露天采矿场离地面100多米深，直径300多米。开挖危害到了附近居民的房屋安全。其中，在一户居民的房屋附近多次出现土方坍塌，房屋也多处出现了裂痕，随时都有垮塌的危险。但厂家不管这一家人的生命安全，更不考虑附近居民的安全隐患，继续一意孤行。

这种不顾环境、不顾百姓安危、置国家法律法规于不顾的疯狂滥采滥挖的现象在不少企业都存在。他们在和环境、百姓的博弈中采取的就是零和博弈的心态。

这种零和博弈的心态不仅在企业中存在。在生活中，有些人的心目中也存在这种心态。只要人们的头脑中有这种零和博弈的认识存在，那么，从世界到国家，从国家到集体，从集体到个人，每个组织、每个主体都会是零和游戏中的一员。因而在我们生活的方方面面，也几乎都能够找到零和博弈的影子。比如，儿女不赡养父母或者兄弟姐妹为争遗产或者房产而大打出手等，甚至有些夫妻反目为仇也是因为一方有这种零和博弈的心态所致。

一对夫妻，二人各有不错的工作，但男人经常在外出差，于是不久女人便有了越轨行为。男人发现后，没有说什么，既没有打骂妻子，也没有找第三者的麻烦。于是，女人后悔不已，在丈夫面前痛哭并表达自己的忏悔之情。男人没有说什么，只是要求女人以后不再工作，只在家里做家庭主妇，也绝不允许再有不端行为。女人答应了，于是，两人依然生活在一起，只是男人不再跟女人睡同一间房。男人除了公事也从不在外过夜或拈花惹草。女人以为生活会这样一直延续下去。

但是，在女人满30岁时，男人突然拿出离婚协议要求妻子离婚。从法律的角度来说，两人7年没有夫妻生活，而男人在外也没有不检点行为，这足以成为离婚的条件。

男人在离婚时对女人说："你给我的幸福婚姻里埋下了苦果，今天你终于得到了报应。我今年31岁，正是一个男人一生中的黄金时期。而你今年30岁，已经过了一个女人最好的时期，即使再婚也不会有什么好结果。并且你一直在家做家庭妇女，孤陋寡闻，也没有什么本领在社会上立足了。"

这个男人就是典型的零和心态的表现。他把自己婚姻的不幸完全归结于女人身上，因此，不惜用这种残忍的手段来破坏女人的幸福。这个男人复仇的心太强，手段也未免太过残忍。虽然他损害了这个女人的利益，但是，他自己也没有得到更多。既然女人有悔改之意，也有悔改的行为，为什么不能原谅她？何况造成女人当初红杏出墙也和男人经常出差有关。男人不理解女人，反而借机报复她，一个大男人的胸怀何在？这样残忍的人哪个女人还会和他结婚。朋友怎么还会与他共事？

这一切，都是因为当事人私心太重，在自私心理的支配下做出了极端的行为。这种人不论在与同事共处还是和合作伙伴交往，甚至是与自己的亲人共处时，都把别人看成了妨碍自己既得利益的仇人，因此不惜使用零和博弈的手段，毫无顾忌地损害他人的利益，其结果只能是既损人又损己。

在双方甚至多方的博弈中，博弈的结果与双方的力量优势强大有关。一方通过强取从对方身上获得更多利益，他们便会认为自己在力量上完全制服了对方，就可以令对方服服帖帖。于是，不管不顾地欺负对方。欺负对方固然可以获得收益，但实施欺负行为是要花成本的。如果欺负行为的收益小，而付出的成本大，那么，就是不明智的。中国古人所说的"杀人一千，自损八百"就是这样一个道理。比如，英国当年占领印度后，并没有派出由英国人组成的庞大的英国管制政府，因为仅凭印度人的剩余产品要维持一个庞大的英国驻印度的官僚队伍，成本太大。所以，英国人只需要一个听命于英国的印度统治队伍即可。

另外，欺负得太狠，让对方的生产能力和生产意愿降得很低，那么自己也不会从对方那里获得多少收益。因此，零和博弈并不是什么明智的选择。

纵观中国历史，之所以爆发农民起义，就是统治者对农民采取是一种零和博弈的方式，他们试图把农民的利益榨取干净。结果，农民在这种忍无可忍的情况下必定揭竿而起。虽然，有些农民起义并没有得到真正的胜利，但是多少也动摇了统治阶层的根基，影响了他们的利益。因此，在中国历史上，统治者也不断出台和调整减租降息等措施，就是为了缓和与农民之间的矛盾。

今天，人类社会的发展已经度过了沉重的封建社会，历史的车轮飞速跨进了21世纪。但即便是在今天高速发展的资本主义社会中，那些掌控国家经济命脉的大型垄断财团，也不会只采取零和博弈的方式。因为，从博弈论的逻辑上看，假如大财团只建立在为他们利益服务的制度上，那么就意味着每个人在与大财团交易时一定会吃亏。在这种情况下，如果没有人和他们进行交易，他们去剥削谁？他们的利益怎么得到满足呢？因此，他们也会顾及那些弱势群体的利益，哪怕是在这些大财团并不心甘情愿的情况下，但是他们也不得不顾及弱势群体的利益。

从博弈论的角度来看，任何一种博弈的规则都不允许赢家通吃，必须建立在某种程度的公平之上。因为在一定的时空之内，能够分配的利益总量是既定的，当一些人分得过多时，别人分得的就肯定会少。特别是如果这种瓜分不是通过一种生产的方式。那么，一旦触犯了集体利益，必将引起公愤。在生活中，我们常会看到，往往那些自以为占尽便宜的聪明人，不计后果地掠取别人，结果只能是一败涂地。

由此可见，赢家通吃其实并不是一种理性的策略。从博弈论的角度分析，这样的零和博弈不会换来长久合作，一方的利益也得不到最大限度的实现。另外，即便是处于弱势的一方，一旦力量增强，必将摆脱被要挟的局面，寻求其他适合自己的博弈方式。因为没人会心甘情愿地忍受利益被剥削，一旦翅膀硬了，都会摆脱这种不公平的博弈局面，选择远走高飞。因此，为了多获得一些鸡蛋，就不能太欺负鸡，还是让鸡长肥一些好，从而使它能多一些生产能力和生产意愿。

人存在的目的就是人的自由发展，自由的保障必须以权利的充分行使为基础。但是，谋取自己的利益也应该尊重每一个人的利益。任何时候，个体利益的满足都不能置他人利益、集体利益于不顾，更不可能试图抹杀他人或集体的利益。只有每个人的利益都充分得到尊重和保障，集体才是一个团结、协作的集体，社会才是一个和谐、稳定的社会。这样才有长期发展的可能。

◆ 背叛是因为无利可图

在人们的合作博弈中，如果合作的一方总是从自己的利益出发，处处维护自己的利益，让对方无利可图，那么对方迟早会背叛你。

刘佳是一家化妆品公司的推销员，在化妆品市场竞争激烈的时代，要想打动消费者的心很不容易。刘佳进公司6个月后才开始有订单，两年后，她的业绩有了提升。第二年年终结算，按原定计划她可以拿到3万元的销售提成，于是，刘佳美滋滋地盘算着，这下可以翻身了，再不用月底去朋友那里蹭饭了，也可以换个宽敞的住宿环境。可是，当她要求公司兑现时，却发现老板支支吾吾，一会儿说公司资金周转困难，一会儿说提成比例的百分点算错了，始终不愿马上兑现。

刚巧在这时，公司有一笔远在外地的货款需要去收。因为临近年底，其他中年销售员都打退堂鼓。刘佳还没有成家，无牵无挂，主动请缨。但是，当刘佳收到货款后，她决定对老板实施报复。既然老板不仁，自己也就不义了，不能伸长脖子挨宰。于是，她决定一不做二不休，把钱据为己有。这笔货款差不多也是3万元，正好弥补她奖金的损失。

最后的情形可想而知，刘佳因私自侵吞公司的货款，按照有关法律条例，被法院判了刑。而这位说话不算数的老板，也让客户和他的员工相继疏远，公司的生意从此一落千丈，很快就倒闭了。

虽然刘佳选择的方式不正确，可是，这种现象说明，刘佳之所以不计后果要背叛老板，就是因为自己的正当利益被剥夺。3万元对一个初入职场的打工者来说，不仅是生存的保证，而且也是自己能力的证明。如果被老板据为己有，刘佳怎能心理平衡？可是，有些老板在和员工的博弈中并没有认识到这些，总认为工资奖金是自己发善心发给员工的，而不是员工创造的，因而总是像周扒皮一样处处算计员工，结果必然导致背叛。即使现在不背叛，也必然会在未来出现。因为这种博弈没有长久合作的可能，弱势一方必定会选择背叛。结果就会有这样的局面出现：不是核心员工跳槽就是技术人员泄露机密，最后给公司带来损失。

这种现象不但在职场中有，现实生活中也存在。

不论是物质利益还是精神利益，不论在上下级之间的博弈中还是在平等合作的博弈中，一方无利可图必然会走向背叛。虽说"人之初性本善"，但经过现实生活的磨炼，人们善良的本性也可能会有所改变，嫉妒、怀疑便成了现代社会的"特产"，人在这种风气下，变得越来越敏感，越来越务实。人们在利益面前，很少有躲避心理。

在囚徒困境中，一方之所以背叛自己的朋友而向警察自首，就是因为他感觉到自己从对方身上不可能再谋取到任何利益。对方也在监狱中，即便曾经向自己许诺过什么，此刻也无法实现，因此，囚徒就选择了背叛对方的方式。

无利可图就会出现一次性博弈的局面。生活中，我们经常听到这样的话："我得不到的东西，你也休想得到。"仿佛只有这样双方的心理才得到了平衡。其实这种谁也得不到的心态就是一次性博弈的表现。因为对方知道没有了合作的可能，索性就豁出去了。

如果用得益的总和来区分，博弈可以分为零博弈与变和博弈。在变和博弈中，因博弈参与者选择的策略不同，各方的得益总和也会发生变化。当合作关系存在某种自然而然的终点时，博弈反复进行的次数是一定的。即使参与人以前的所有策略均为合作策略，如果被告知下一次博弈是最后一次，那么肯定采取不合作的策略。而且越是临近博弈的终点时，采取不合作策略的可能性就会加大。人们往往会破釜沉舟、不计后果、冲动行事，即便是身背背叛的骂名也在所不惜。因此，在这种情况下，被背叛的一方就要衡量一下对方的背叛给自己带来的损失，如果损失大于所得，最好与对方握手言和。

刚踏入2004年的时候，汽车厂商们豪情满怀，忙着扩产、推新车，然而，车市5月"拐点"后的严峻形势已经迫在眉睫。巨大的产销落差让汽车销售商背负上了沉重的库存负担和"现金流"压力。厂家的第一反应仍然是"压"——向经销商压库存、压指标，向市场压价格。于是，汽车产销两大阵营的关系也变得微妙起来。

经销商面临的压力越来越大，便开始跟厂家讨价还价。先是要求厂家减少自己的库存压力，接着就要求降低销售任务，再接下来，一些经销商们干脆自己先"炒厂家的鱿鱼"，将那些无利可图甚至亏本的品牌别除出去。尤其让汽车厂家觉得不能容忍的是，一些经销商为了清理库存，开始直接降价。这在做惯了"老大"的厂家看来，无异于背叛。

在这种情况下，一些厂家开始强力扼杀经销商们的"反水"，要求经销商在厂家额外存入一笔3万~10万元不等的保证金，一旦他们的售价不能在厂家指导价的基础上浮动将没收这笔保证金。

此令一下，众多经销商虽然心有不满，但却是敢怒不敢言。不过，还真有经销商豁出去了，他们依然我行我素。因为车市低迷本来就无利可图，再加上库存的汽车占压资金，自己就快跳楼了。对于这些有意退出者，厂家也是无可奈何。

几轮博弈下来，不少汽车厂家也开始意识到，单纯靠"压"的方式不仅不能让经销商满意，而且还影响到了自己的市场。因此，不少厂家开始做出调整行动，减轻经销商的销售任务，让经销商有更充足的时间去消化库存，目的在于与经销商一起共同渡过"寒冬"。

不论在合作开创事业中，还是在与人交往中，要避免背叛的情况发生，作为强势的一方就要适当地考虑他人的利益。毕竟，人活着不仅仅是为了自己，除了为自己谋取利益和幸福之外，也要为他人、自己所在的团体以及整个社会谋取利益和幸福。这是每一个生活在这个世界上的人都必须履行的职责，这样才能变一次性博弈为固定博弈。否则，如果只围绕自己的利益讲话，别人会怀疑你的动机，也不会和你博弈。那样，你自己的利益也会受到损失。

◆ 该妥协时适当让步

如果想在博弈中避免对方背叛、负和博弈、两败俱伤的局面，就要掌握妥协的时机，该妥协时可以适当让步。这样才能使自己的利益损失最少。否则，太过贪婪，引起众怒，就会像海盗那样被扔进大海。

我们知道海盗是为驾驭大海而生的，他们野性不羁、贪婪，为达目的不择手段。可是，其结果呢？如果对于自己的同伴也太过贪婪，只能激起众怒，被自己的同伴扔进大海。

20世纪70年代后期，博士伦公司大举进攻其他隐形眼镜生产商，并取得巨大的成功。结果，很多弱小的竞争者都被大公司收购了。可是，博士伦成功了吗？

恰恰相反，博士伦的这一举动不但遭到了同行业弱小者的抵触，而且也导致了整个隐形眼镜产业的衰落。因为，从那以后，产业之间缺乏内部的技术交流，博士伦不得不独自承担产品的技术研发费用，隐形眼镜产业失去了竞争机制，受到传统镜框眼镜的大举进攻，市场大幅萎缩。

虽然博士伦不是被隐形眼镜生产商扔进大海，但是也被其他同行钻了空子，把该企业置入了万劫不复的深渊。以至于以后，为了扩大隐形眼镜产业的市场占有率，博士伦又不得不扶持一些竞争对手，为此付出了沉重的代价。

这个故事告诉我们，不论发展事业还是在为人处世中，都不要想一口吃掉所有的竞争对手。该妥协时就要让步妥协，这才是明智的做法，这样才有合作和重复博弈的可能。

特别是在为人处世中，再强势的一方也要注意适当收敛自己进攻的步伐，掌握好进退的时机。要预计到博弈胜利后的结果和可能出现的变化，如果大获全胜会引起对方的剧烈反抗或者获胜后的形势对自己不利，就要适当妥协。

当然，这种妥协并非就是损失自己的利益，而是要用最小的损失获取最大的利益，或者用和对方互相交换的方式来达到自己的目的。

明永乐年间，贵州一带的少数民族势力很大。镇守贵州的都督马烨采取各种手段，企图刺激当地的少数民族造反，达到彻底废除土司制度的目的。

其中采取的最极端做法是：把前任土司头目的妻子脱光衣服鞭打。这一下，当地少数民族果然愤怒异常，打算起兵反叛。但被现任土司头目坚决制止了，他选择亲自进京上访，状告马烨。

永乐帝自然明白马烨完全是为了明王朝的利益考虑，也知道马烨对朝廷忠心耿耿，但是马烨所做的这一切却成了他被杀的罪证。当然，永乐帝不会在和土司的博弈中让自己的利益受到损失，他清楚此时正是提出交换条件的好时机，于是答应了现任土司头目的请求。

当受辱遭打的土司头目的妻子进京后，永乐帝问她："马烨辱打你是错误的，我现在为你除掉他，你准备怎样报答我？"那位土司头目的妻子叩头说："我保证世世代代不犯上作乱。"

永乐帝微微一笑，说："不犯上作乱是你们的本分，怎么能说是报答呢？"结果，土司万般无奈，答应为明王朝从贵州东北部开辟一条山路，以供驿使往来。

这一交换条件无疑是永乐帝极其欢迎的。因为历朝历代，少数民族犯上作乱并不是杀戮可以解决的事情。一旦交通发达，官府的军队就可以畅通无阻，直击少数民族地区，那他们自然也就不敢再造反了。

就这样，永乐帝妥协一步，用马烨的脑袋换来了少数民族地区的稳定。

提到妥协，好多人都会不自觉地把妥协看成是投降，认为妥协就是放弃和认输，尤其是在双方针锋相对之时。其实二者是两码事，妥协是一方为了达到某种目的，迫于压力而让步。妥协并不是要我们没有原则地一味放弃，更不是要我们毫无目的地去后退。暂时的后退是为了更长远的前进。可见，妥协是有限度的忍让，是以退为进的策略，更是保护自己利益的手段。为了长远利益进行的妥协是一种眼光、一种谋略。因此，在博弈中，不论你怎样强势、怎样霸道，都应认识到妥协的重要性，都要对自己的对手有清醒而理性的认识。掌控住自己妥协的时机，做一个能够权衡利弊的人。这样，即便在面对博弈的困境时，我们也能做到牺牲局部来保全大局，才能够化险为夷。

　　当然，要妥协需要智慧更需要胆量，特别是自己在众人心目中有着较高的地位和威望时，要妥协需要鼓起极大的勇气。但即便是这样，也要考虑到有可能两败俱伤。

　　我们知道，第二次世界大战结束后，世界格局形成了以美国和苏联为核心的两大敌对阵营，两者势不两立，都像好斗的公鸡一样。

　　1962年，赫鲁晓夫偷偷地将导弹运送到加勒比海上的岛国古巴，目的是对付美国。然而苏联的行动被美国的飞机侦察到了，肯尼迪总统对苏联发出严重警告。可是，苏联方面矢口否认，于是，美国决定对古巴进行军事封锁。美苏之间的战争一触即发。

　　此时，苏联面临着是将导弹撤回国还是坚持部署在古巴的选择，如果不撤，则面临着挑起战争的危险。而美国如果不打，就表示容忍了苏联的挑衅。可是，如果打起来，大多是两败俱伤。而此时，任何一方先退下来都是件不光彩的事情。

　　结果，苏联先将导弹从古巴撤了回来。当然，为了给苏联一点儿面子，美国象征性地从土耳其撤离了一些导弹。

　　就这场美国与苏联的博弈来说，虽然苏联先退下来丢了面子，但总比战争要好。对美国而言，既保全了面子，又没有发生战争，当然是求之不得的结果。双方在恰当的时候，同时又在能照顾彼此面子的情况下，避免了一场战争。

　　世界本来就是一个合作的大舞台，不论政治领域还是经济贸易领域，合作就是一个双方妥协的过程。只有每个合作伙伴放弃了谋求个人利益的最大化，才有可能合作成功。

　　人生的道路并不是一条笔直的大道，面对复杂多变的形势，不仅需要勇往直前，而且需要掌握适当妥协的艺术。真正的勇者是能屈能伸的，想要成为永远的胜者，就要求人们遇事都要有退让一步的态度。

因为，在博弈中，胜利的不一定是勇者，妥协的也不一定是懦夫。有所失必有所得，妥协实际上是给自己日后的发展留下方便，这才是明智的博弈选择。

◆ 懂得忍舍弃小利

从前有一对夫妻，他们共做了三个饼。他们每人各吃了一个饼后，还剩下一个饼，两个人都想独吞，于是，他们就订了一个约定：谁先说话，就不给谁饼吃。因为两个人都想得到这个饼，所以夫妻两人几乎一天都没有说话，尽量打手势比画来解决问题。

晚上，有个小偷窜到他们家偷窃，翻箱倒柜地一通翻腾，把所有值钱的东西都拿到手了。可是，夫妻两人谁也没有制止，都假装睡着了。因为他们都不想先说话。

不料，小偷看到他们不动声色后，胆子大了起来。他看见女人长得有几分姿色，就大胆地调戏和轻薄她。可是，不但女人不反抗，男人听到动静也不说话。

最后，还是女人终于无法忍受了，边反抗边大声喊"救命！"小偷担心邻居们来抓他，急忙逃走了。女人得救后对男人说："你没长眼睛啊！小偷轻薄我，你居然都不喊人抓他？"

谁知，男人听后拍手笑着说："嘿！你终于先开口了。最后一个饼我得到了。"

人们听到这个故事，肯定会嘲笑这对夫妻。特别是那个男人，为了一个饼，竟然让自己的妻子蒙受羞耻。

对于我们来说，虽然不会发生这样可笑的事情，但是这个故事告诉我们的是：有时，人们为了获得一点儿小小的利益，也会像这对愚蠢的夫妻一样，为了一个饼，眼看着盗贼放肆。如果不忍舍弃小利，那么一定会有更大更多的损失。

尤其是在自己追求成功的道路上，当期盼很难变成现实时，过分的执着，从某种意义上讲，无疑就是一种沉重的负担，一种精神枷锁，甚至是一种对自己的伤害。因此，要学会"舍得"。

一棵桃树非常盼望自己能有硕果累累的那一天。终于，经过自己的顽强努力，伴随着春风的阵阵吹拂和艳阳的照耀，这棵桃树终于和其他伙伴一样，结上了许多桃子，它对自己的奋斗成果很满意。

可是，采摘的季节到了，它还没来得及尽情地品尝自己的胜利果实，就看见同伴们纷纷把自己的果实交给了那些前来采摘的人们。现在就和自己胜利的果实进行最后的告别，它无法忍受这种结果。在它看来，那是自己饱经风雨，经过整整一年的培育和酝酿才终于拥有的成熟之果。它不希望自己在果实被采摘之后变成一副光秃秃的丑样子。

由于这棵桃树的坚决要求和顽强坚持，最终，它身上所有的果实都没有被人们采走。可是，为了使身上的累累果实具有足够的营养，这棵桃树不得不更加努力地从根部吸收养分。渐渐地，桃树的树干变得越来越细，生命已经越来越虚弱了，可是它仍然舍不得放弃那些诱人的果实，最后，只能越来越枯萎，连一片绿叶也看不到了。来年的春天，它再也无法结出成熟的果实了。

我们知道，人生的博弈是需要成本的，其中，不仅仅是时间、财物还有我们的精力和随风而逝的年华。因此，如果发现自己在博弈中投入的成本不是机会成本而是沉没成本，就要果断舍弃，哪怕你再留恋也要挥剑砍断，这样才能保证自己既得利益不受更大的损失。特别是在小利和大利面前，我们应该舍得放弃其中较小的一部分。因为丢弃了一个兵并不至于导致失败，再发强攻，仍有取胜的机会。

中国航空工业第一集团公司在2000年8月决定：今后不再发展干线飞机，而转向发展支线飞机。这一决策在当时引起广泛争议，许多人都不忍心砍下干线飞机这个项目。

一些人反对干线飞机项目下马的一个重要理由就是，该项目已经投入数十亿元巨资，上万人倾力奉献，耗时6载，在终尝胜果之际下马造成的损失实在太大了。可是，该项目已经投入了大量的人力、物力、财力，不管如何决策，其实都是无法挽回的沉没成本。

事情是这样的，该公司与美国麦道公司于1992年签订合同合作生产MD90干线飞机。原打算生产150架飞机，到1992年首次签约时定为40架，后又于1994年降至20架，并约定由中方认购。但民航只同意购买5架，其余15架没有着落。可想而知，在没有市场的情况下，继续进行该项目会有怎样的未来收益？

在博弈中，沉没成本越多，你获胜的希望越小，只有机会成本才是决策正确的相关成本。机会成本不是现实的成本，是隐性的，而沉没成本却是实实在在的。正因为沉没成本人人都看得见，摸得着，因此，舍弃这些让人难免有一种"割肉"的痛楚。但是，人们看到的只是曾经的付出，对于沉没成本以后会给自己带来的危害却并没有认识清楚。因此，这种难以割舍也是不理智的选择。越是难以割舍，博弈获胜的希望越小。看看现实生活中那些只顾眼前利益，而不顾长远利益的人，有哪个获得了成功呢？最终不都是以失败告终吗？如果只顾眼前利益，终将导致事业和人生的失败。因此，不论在为人处世中还是在自己奋斗的征途中，若想达到幸福而圆满的人生境界，就必须不断拓展自己的视界。

利益是博弈的根本目的，为了获得最大的利益，有时候先要牺牲部分利益，有所失才能有所得。在人生历程中，为官、经商、交友，谁都难免遇到一些吃亏的事情。如何看待吃亏？如何对待吃亏？也是人们经常碰到的课题。实际上，肯不肯吃亏就是舍不舍得的问题。但是这样做的前提是从大局出发，要确保牺牲的利益可以换来更大的利益。有时放弃眼前的蝇头小利，能让你获得更长远的大利。

而舍与不舍本身就证明了一个人的眼光是长远还是短浅，境界是高还是低。既然如此，何不拓宽自己的视野，提升自己的境界，做个干一番大事业的人呢？

◆ 两败俱伤不如合作共赢

负和博弈，是指双方冲突和斗争的结果，是所得小于所失，就是我们通常所说的其总和为负数，也是一种两败俱伤的博弈，博弈双方都有不同程度的损失。

一头驴和一只狗都在同一个主人家中喂养。有一天，主人不在，驴感到饥饿，便大嚼大啃起主人放在地上的青草来。

这时，狗见驴子在吃青草，感到腹中饥饿，就对驴说："亲爱的伙伴，请你趴下身子来，让我踩在你的身上，好摘到上面篮子里的馒头。"

谁知驴子故意装作没听见，它怕影响自己进餐，于是只顾埋头吃草。

"亲爱的，我求你趴下一小会儿，行吗？"狗再一次请求道。

"朋友，我还是劝你等等看，待主人回来后，他一定会让你吃一顿饱饭，我想他很快就会回来了。"驴子装聋作哑好一阵子，总算开口回了话。

就在这时，一只饿极了的狼从山上跑了下来，驴子马上叫狗来驱赶，但是狗回敬道："朋友，我劝你还是快跑吧，这只狼不会让你等太久的。你可比我块儿大，够它饱餐一顿的了。"

就在狗说这些风凉话的时候，狼已经冲过来把驴子咬死了。

主人回来后，见躺在地上血肉模糊的驴，马上明白了是怎么回事，他一怒之下，把狗给打死了。

驴和狗互相拆台，结果是两败俱伤，这就是负和博弈。

一直以来，人们都认为赚钱就是一个"你输我赢"的零和游戏，一般的人在看问题时通常爱用"你死我活""非强即弱"的极端方式。尤其在商场上，时常有这样的现象出现。在商业合作中，过去，很多公司在市场竞争管理中的一个重要观念，就是采用各种有效的方法，运用战略与战术的手段，力求做到在竞争中击败对手，以赢得更为广阔的市场。甚至有些公司为了打击对手，不惜用负面广告的方式来打击竞争对手。虽然这种手段在短期内对该公司有一定的帮助，但是很快对手会以同样的方式反击。即便他们在反击中处于劣势，也会和你从此分道扬镳，这样，两者之间再也不会有合作的可能，也不会有长期的固定博弈方式。

其实，世界上大多事情不是零和博弈，也不是负和博弈，而是互利互惠的。庆幸的是，越来越多的人认识到了"零和"的局限性，双方都会理智地思考一下，采取互利互惠的合作态度，那样，人际关系才可以向好的方向发展。即便贪婪凶残如海盗者，也需要考虑到互惠互利。

在海盗分金中，有5个海盗抢得100枚金币，他们决定按民主的方式进行分配。每个人提出分配方案后，其他4人进行表决，超过半数同意方案则通过，否则将被扔入大海喂鲨鱼。5个人抓号后，第一个人先表决。

当然，他们谁都不愿意自己被丢到海里去喂鱼，也都希望自己尽可能得到更多的金币。那么，海盗要提出怎样的分配方案才能够使自己的收益最大化并得以通过表决呢？

此时，1号需要作出冷静的判断和分析：如果他提出的分配方案是（97，0，1，2，0）或（97，0，1，0，2），那么，2号肯定反对，没有获得金币的5号和4号也会反对。但是，即便只有两人反对，3人赞成，这个方案还是容易通过的。因为，另外两位获利的可能会想，如果不同意1号的方案，让2号分配，他们中的某一位很可能什么也得不到。因此，可以获利的两方都投赞成票。这样，1号就获得了97枚金币的可观利益，用最小的代价获取了最大的收益。这样的答案看似不合理，但又是合理的。

也许有人会想，如果1、2、3、4号都分配不公，被扔进大海，利益不就都是5号的了吗？这是不可能的。现实生活远比假设要复杂精细得多。在这场博弈当中，1号明白自己的方案一旦不被多数人通过，就会被扔到海里喂鲨鱼。当然，1号不会为了利益而丢掉性命。这个过程正体现了1号的博弈思想，因此，他牢牢地把握住了先发优势，既照顾大多数人的利益，自己又能获得最大的收益，这便是博弈中最优的策略。

现实生活中，人人都在自认为公平的基础上追求最大的收益。要想实现这个最大化的目标，所采取的途径也应该是理性的，要做到利己又要同时尽量照顾大多数人的利益。

提到双赢，有些人总认为绝不可能。蛋糕是固定的，我得到的少，别人就会得到的多。双赢怎么可能？其实，在现实的经济活动中乃至社会现实活动中，买卖双方的关系不再是"此消彼长"的简单线性关系。一个人收入的增加并不一定导致社会上其他人收入的减少，获利并不一定以对他人的损害为条件，而是指在整个经济活动中怎样做才能够互利互惠，共同得利。这才是正和博弈的方式。

正和博弈是双方都得到实惠的一种博弈，即我们通常所说的"双赢"。正和博弈是谋求双方或多方利益的最大化。双方总是把世界看作一个合作的舞台，而不是一个角斗的场所。他们把自己的利益建立在利人利己的双赢思维的基础之上。他们不用去抢别人的蛋糕就可以做大自己的蛋糕，并且讲求彼此的和谐与互利互惠，甚至为了共同利益的最大化，不惜牺牲个人的利益。因此他们不论是在做人还是在做事方面都是成功的。

在美国有个电影明星叫珍·拉塞尔，她曾与制片商休斯签订了一份一年100万美元的雇佣合同。可是，12个月之后，休斯却因为资金匮乏而无法兑现拉塞尔应得的现金。而拉塞尔只想得到合同上规定的钱，对休斯的许多不动产却毫无兴趣。结果，双方的争执越来越大，拉塞尔甚至想到通过律师来解决问题。

可是，没过多长时间，拉塞尔突然改变了主意。有一天，她对休斯说："啊，我们两人的性格和行为方式虽然不同，但都有共同的奋斗目标，让我们看看能不能改换一种方式来满足对方的需要呢？"于是，她开诚布公地跟休斯说，她希望休斯考虑到演员这一职业的不稳定性和风险性，能够体谅她的苦衷。休斯认真倾听后，也提出了自己一次性付款的困难。于是，他们重新达成了一致的协议。

经过他们的共同修改，合同改为休斯每年付给拉塞尔5万美元，分20年付清。这样，拉塞尔有了20年的稳定收入，不必为失业而担忧，而且所得税可以逐年分期缴纳，并且有所降低；休斯分期付款，也解决了资金周转困难的问题。

由此可见，双赢并非不可能。通过人们的有效合作，皆大欢喜的结局是可能出现的。只要能走出个人利益的狭小天地，站在对方的角度考虑，就可以创造性地提出了一个满足双方需要的方案。

需要注意的是，这种共赢不仅表现在人们之间的博弈上，也表现在对待自然环境的博弈中。

在人类社会的发展历史上，人类所进行的工业化革命，在带来了经济的高速增长、科技进步、全球化发展的同时，也带来了日益严重的环境污染。这之后，人们正逐渐从"零和游戏"的观念向"共赢"的观念转变。这是因为，人们开始认识到"共赢"的重要性。因此，今天的环保问题终于被提上日程，越来越受到人们的重视。

由此可见，"共赢"预示着一种新时代的来临，暗示着人与人、人与自然的全面协调发展和和平共处关系的形成。共赢的时代不是建立在人们之间的依附或占有的基础之上的，而是建立在双方甚至多方之间相互促进与共同发展，以促进社会的全面进步与繁荣发展的基础上的。这样不仅会达到共赢的结果，在这种良性循环下，还会出现多赢的局面。这才是我们追求的正和博弈的最高境界。

第八章　保护自己不妨巧设"囚徒困境"

在很多博弈中，人们都面临着利益分配的问题。不论是来自同一战壕的一方，还是和竞争对手之间，每个人都想多分配一点。即便是合作方，在战胜了共同的对手后，他们之间也会为利益分配再起争端。

在世界历史上，两次世界大战之后的许多高层领导会晤都是为了分取胜利成果。特别是第二次世界大战取得反对法西斯的战争胜利后，美、苏、英领导人频频会晤就是为了在分取胜利成果上达成一致。

那么，怎样才能为自己争取到最大利益呢？是平均分配呢？还是无奈地看着弱肉强食？要为自己争取最大利益，不妨学学警察的博弈智慧，巧设囚徒困境，把企图损害你利益的对方置于困境中。

◆ 公平分配不等于平均

在中国传统中有这样的思维："不患寡，而患不均"，这就是说，人们能够忍受贫穷，而不能忍受社会财富分配的不均等。在博弈中也是如此，公平分配的确是人们追求的目标。不论是国家间的领土争端，还是现实中人与人之间为鸡毛蒜皮的小事计较，很大一部分是由于分配不公平造成的。然而，什么是公平分配呢？世间万物究竟要怎么才能分毫不差而且既完整又公平呢?

在许多人的意识中,公平就是平均分配。可是,若一定要如此,那一切都会被破坏。

有一位在当地颇为富裕的老人,在年老病重时很挂念自己的那些财产,让他最为担心的是,儿子们因为争夺财产而伤感情,如果是那样,自己死也无法瞑目。于是,老人把两个儿子叫到床前,语重心长地说:"将来有一天,我会把咱们辛苦创下的家业分给你们。你们不用担心,我不会偏心的,一定会分得很公平。"顿了片刻,老人又说:"到时候我会请咱们族里年龄最大的长辈来分。他是咱们村最公平的人,心如清水一样,肯定会分得让你们满意。"老人交代好后,仿佛完成了自己的一桩重大心愿,看到儿子们没有什么异议,很满足。

不久,老人就过世了。他的儿子们想到父亲临终交代的财产要公平分配,于是请来族中的长辈。这位长辈来了后毫不犹豫地把每样财产(物品)都分成两半。这下,不但好好的一件衣服被撕成一半,锅、盆也都分成两半,就连那些完整的家具也被分成了两半。

这位族长的做法确实荒唐和极端，为了达到公平的结果不惜破坏事物的完整，破坏事物的使用价值。对于老人的儿子来说，任何财产都不完整了，要这些有什么用处！由此看来，公平并不一定是指平均。如果不考虑分配事物的使用价值，一味地建立在平均基础上的公平并非都可取。

而且，这种看似平均的分配其实是不公平的。假如老人的儿子一个勤快，一个懒惰，一个对家庭贡献大，一个却什么也没做，但是，只是因为他们都是老人的儿子就拥有了分享财产的权利，这种平均分配怎能体现公平？因此，这种平均分配的思想其实是体现了一种"吃大锅饭"的思想，只要自己是集体中的一员，不论是否参与劳动，是否付出汗水，都应该获得同等的收益。就像计划经济时代的企业中，多劳动的并不多得，偷懒的也人人有份。这样，无疑伤害了勤劳人的利益，使那些偷懒的人占了便宜。这个分配虽然公平，但却有损参与者的积极性，如果在一个集团中，只注重利益的均等，而忽视贡献的多少，只会导致大家都变得懒惰，最终导致整个集团效率的下降。

在我国，围绕着个体和集体之间利益的分配问题，先后提出了多劳多得、少劳少得、不劳动者不得的利益分配原则。市场经济时代，许多企业在月工资的基础上又出台了计件工资、工资加奖金甚至配股等多种方式。这一切都是为了表现出劳动和所得报酬的公平。遵循的原则是：所得与自己的贡献相等。

其实，一个公平的分配是，各方所得是其"应该"所得的。但什么是"应该"所得的呢？

我们知道，激励机制是现代企业管理中常用的手段，也是非常有效的手段，这种机制可以更有效地调动大家的积极性，使其全身心地投入自己的工作中去。因此，管理者需要注意，一定要激励"大猪"，给贡献多的"大猪"们更多的收益，让"大小猪"之间的收益体现出他们的劳动价值，这样才能给自己的团队带来更多的利益。

在他们得到应该得到的同时还需要考虑他们的不同需要，这在利益分配中至关重要。就像一个需要保暖内衣的人一样，如果你像对待其他人一样公平地分给他不锈钢锅，虽然物超所值，但是未必能让他满意；一个拥有多套住房的人，如果你还要分给他住房，他当然会用住房去交换自己需要的；一个游遍世界各地风景区的人，如果你还是用一成不变的旅游来犒劳他，他肯定会腻歪。因此，利益所得一定要考虑他人的需要。

也许有人会说，最大的利益谁不想占有？怎么能够按需分配呢？其实并非如此。举个例子来说明。

假定一对夫妇感情破裂，不想在一起过日子了。于是，他们要求法院对财产进行分割。其实他们的财产很简单，无非就是冰箱、自行车、计算机、家具、被褥、锅碗瓢盆，一共有6大件。

法官看了他们的财产叫他们对这6大件物品进行轮流选择，所选择的归其所有。当然是女士优先。那么，选择的结果会是什么呢？

这位妻子会先选择那些比较值钱的家当吗？非也！她要选择自己最需要的。比如，她想开个小吃店，那么一切可以利用的家具、冰箱和看起来不起眼价值也不高的锅碗瓢盆就是她最需要的。而丈夫呢？想搬到单位宿舍去住，那么他肯定不会选择家具，只需要被褥和一台电脑即可。如此，不是皆大欢喜吗？

这种利益分配原则就体现了按需分配的原则，每个人的选择都是自己最需要的，也是通过自己的劳动所得应该得到的。这样才有重复合作的可能。因此，这种利益分配机制也是最公平的，因为这是他们自己的选择，相互毫无怨言。

不论在企业管理中还是在与人合作中，要想达到这种皆大欢喜的利益分配的目的，需要遵循以下几个原则：为每个人提供公平均等的机会，提倡和鼓励竞争；在内部各类、各级职务的薪酬水准上，适当拉开差距；对那些为集体利益作出最大贡献者，给予应得的利益；其次，在福利待遇方面按需酬劳。这样才是公平的表现，就能防止平均分配的现象出现，激励起每个人的积极性，去创造最大的合作效益。

◆ 从结果开始推出条件

在平面几何中，有一种反证法。不是从条件开始推出结果，而是从结果开始推出条件。这种方法称为反证法。

在博弈中，也存在一种反证法。"倒推法"就是一种反证法。它是这样一种博弈模式：

两个参与者A、B轮流进行策略选择，可供选择的策略有"合作"和"背叛"两种。A、B之间的博弈次数为有限次，比如100次。假定A先选，然后是B，如此交替进行，这个博弈因形状像一只蜈蚣而被命名为蜈蚣博弈。

但是，A不是从第一次开始往后选择，他是先从结果，也就是第100次开始选择。此时，A考虑的是：B在第100次的选择中会是什么结果？（因为是A先开始选择，那么第100次就是B选择。）

假定B选择合作，那么彼此的收益会是皆大欢喜；如果B选择不合作，那么，B就会铤而走险，不顾A的利益选择背叛，独得101的收益。

此就时，根据一般人的判断，B在100次的选择时会毫不犹豫地背叛A，因为这样自己的利益最大。

可是，A此时用了倒推法，正因为他预测到B在100次时会背叛自己，没有继续合作重复博弈的可能，因此他在第99次自己的选择中就毫不犹豫地与B分道扬镳，也就是说他先背叛了B。那么，无疑，此刻A的收益为最大，因此此后的B无论怎样选择都对自己没有任何伤害。此时，A的收益是99，而B却是98。

当然，如果A预计到了结果，一开始就选择不合作，那么他的收益只能是1，实在不是明智的做法。正因为他预计到B会在最后一次的选择中背叛，因此才在从1到100的选择中和B一直合作下去，并且在99次断然而止。这样，既在和B的合作中共同做大了蛋糕，又分得了自己的最大利益。这就是蜈蚣倒推的神奇作用。

由此可见，在人际交往中，选择合作比开始就断交收益会大得多。当然，能够继续合作下去自然是双方都希望的，但是，有些时候，客观环境的变化不是人们自己能够主宰的。俗话说"天下没有不散的筵席""分久必合合久必分"。如果大势所趋需要分离而无法合作的话，一方为了利益考虑必然会选择背叛对方。那么，与其等对方背叛自己，独自品尝失败的苦果，不如先下手。当然，这种方法也是在你运用倒推法预测到结果的基础上才能得以实施。

当然，如果是那种只顾自己私利的小人，一旦看透他们迟早会背叛的本性，也应该断然绝交，不一定要维持到100次。因为你合作的时间越长，遭受的损失越大。

不只是在与人合作中，即便是在人生的博弈中，在自己的职业生涯规划中，每个人也需要对自己的未来做下一步预测，对结果进行分析预测。

一般来说，人们在奋斗的过程中通常会选择体验式的博弈方式，当初，自己并没有一个明确的人生规划，试图通过在奋斗的过程中不断体验人生的酸甜苦辣、不断纠正自己的奋斗目标，积累经验来达到成功。多数职场新人甚至从未考虑过自己的职业发展，处于"做一天和尚撞一天钟"的状态。"80后"一代走入职场，普遍的一个现象是：跳槽频繁，单份工作超过半年的人屈指可数，短短时间之内介入多个行业、找不到自己的职业方向、在交际圈中无法建立起自己的职业品牌。这种奋斗的时间未免太长了，因为目标不明，在人生历程中会不断遭遇问题，多走许多弯路，之后又不断纠正自己的奋斗目标，如此反反复复会浪费许多精力和时间。等你找到了自己值得奋斗的目标，也许精力和时间都来不及了。

而"目标导向式"是先为自己设定长远的人生规划，然后直接奔着目标跑。拥有这种思维的人不问自己现在有什么，只问自己要实现什么目标、需要做什么。他们做任何事情都能根据目标的要求，规划实现目标的条件，并在实际工作中努力去发现、借助和创造实现条件，倒推资源配置、倒推时间分配、倒推链接方法等，根据目标对奋斗过程中可能出现的情况做出不同的选择，通过循序渐进的奋斗来接近或者实现自己的目标。这种奋斗就会少走许多弯路。这种反向思维方式也是异于常人的一种思维方式。

比如，有位大学生，他的奋斗目标就是创业致富，因此毕业后尝试自主创业。在奋斗的过程中，不断调整自己的项目，努力寻找实现目标的机会，并且不断细化和充实自己的目标，最后通过自己的努力从一个一穷二白的大学生变成创业英雄，通过良好的职业定位来实现快乐生活和社会认同。

总之，能够运用这种蜈蚣一样的倒推博弈法，不仅在为人处世中就是在自己奋斗的路途上也会保证自己不因选择的失误而误入歧途，增加博弈的投资成本。

◆ 困境中的博弈策略

在博弈中，一定会遇到各种各样的人。其中，有些人就是居心叵测，一心想把你置于困境中。当你在博弈中处于不利地位时，要学学警察的智慧，想办法把对方置于困境，让他们处于囚徒困境之中。

1. 把自己的利益和对方捆绑到一起

当然，把对方置于囚徒困境中，可以用各种办法。如果你面对的是可以控制和左右自己的上司，不妨把自己的利益和他的利益捆绑到一起。因为牵一发而动全身，因此，他们不会选择背叛你。那样，你也会得到他们的保护，从而生存下来。

法国路易十一当政时，宫内有一名特别灵验的占卜师。有一天，他预言一位非常健康的贵妇人3天后会死亡。当时，人们都以为他开玩笑，可是，3天后占卜师的话应验了，那位贵妇人意外地死于车祸。

就在人们信服占卜师的同时，路易十一却对占卜师感到莫名的恐惧。因为占卜师如此灵验就无法显示出国王的英明了，因此，路易十一决定杀死占卜师。

对于一个至高无上的国王来说，要想杀死一个手无寸铁的占卜师太容易了。于是，路易十一找理由召占卜师进宫。这时，他突发奇想，既然占卜师如此灵验，那么他是否能预测自己的命运呢？于是，路易十一得意地问占卜师："你知道自己还能活多久吗？"路易十一想，占卜师再怎样神机妙算也不会知道此刻宫内已埋伏好弓箭手。可是，占卜师却出言不逊："我会在您驾崩前三天去世。"

这话着实令路易十一大吃一惊。他想到占卜星师对那位贵妇人的预言，无比惶恐。假如杀了他自己会突然毙命呢？谁能说得准。于是，路易十一没有发出杀掉占卜师的预定暗号。

就这样，这名占卜师得到了国王全力的保护，一生享尽了荣华富贵。而且他比路易十一多活了好几年。

占卜师在面临生死攸关的时刻，巧妙地把灾祸转嫁到了国王身上，让对方置于囚徒困境中，如此，对方怎敢冒生命的代价来背叛你呢？此时只能被迫与你合作。因此，当你在博弈中处于劣势时，即便是孤立无援，也不要悲观失望，要设法让对手和你陷入同样的困境，此时，他为了保全自己的利益，就会无奈地做出有利于你的让步。从博弈思维上讲，这是一种困境中的博弈策略，比鲁莽的同归于尽要聪明许多。

2. 出其不意，攻其不备

在某个村子里，有两个不务正业的年轻人偷了邻村的牛，并偷偷给卖了。于是，邻村村主任前来交涉。他先是问其中一人：

"牛还在你们村不？"

小偷甲矢口否认："我们这里根本就不养牛，连一根牛毛都看不见。"

村主任又出其不意地问："你们村后有一个池塘吧，我想偷牛的人肯定是去过那里。"

小偷甲又连忙否认说："我们村里没有池塘。"

村主任接着又问道："我们村是在你们村的东面吧？我就是顺着牛

蹄子印从东边找来的。"

没想到，另一个小偷不假思索地慌忙抢答道："我们这里没有东，而且都是说左右前后，根本不知道你说的'东'是什么意思。"

村主任听后冷冷一笑说："即使你们村不养牛，也可以没有池塘，但天底下哪有没有东边的道理？连小孩子都知道太阳是从东边出来。你们光天化日之下却不知东在哪里！满口胡言，没一句可信的！你们偷了牛还想狡辩？"

两个小偷只得回答说："牛确实是被我们卖了。"

凡是做贼心虚的人都会故意掩盖真相，找机会洗刷自己的罪行。但是，天网恢恢，疏而不漏，他们欲盖弥彰的话语总有漏洞可击。如果你设置的问题出其不意，攻其不备，很容易就能让他们回答得驴唇不对马嘴，破绽百出，他们就不得不从实招来。

3. 以子之矛攻子之盾

有这样一个故事，有一次，彼姆彼斯拉国王命令手下宰羊，一位僧人前去劝阻。祭司对僧人的做法感到不可思议，就回敬他说："你这个傻瓜，杀死它们，人可以得到羊肉，羊可以升入天堂。如此两全其美的事，你为什么要制止呢？"

僧人听后，并没有说什么，而是出其不意地问道："你的父亲健在吗？"

祭司不明白什么意思，回答："是的。"

僧人接着问："那么，他现在的生活如意吗？"

"唉，不怎么样。"祭司回答。

"那么，你为什么不把你父亲杀死，以确保他马上进入天堂呢？"

僧人突然发问。

几句话让那个大祭司进退两难，只好认输。

在博弈中，如果你感到对方的行为不当，但是又无法说服或者无力制止对方的行为时，不妨把他们的行为与他们自身的利益联系起来考虑，让他们陷入自相矛盾之中。

4. 让对方处于两难选择中

在古代，一个当朝的显赫老官员要过生日。因此，国王和大臣们都前来祝贺。此时，这位官员想让人们见证他的财产分配问题。可是，他非婚生的9岁男孩却无法继承家产。因为人们都知道他的出生是非法的。男孩感到不公平，因此对着国王和大臣们说道："这个法律是不公平的，是你们制定的这个法律吧？"国王和大臣面面相觑。

"但是，我认为不是你们非法，而是法律非法。既然法律是你们制定的，那么，你们也可以更改这个法律。否则你们也就成了非法的人。"

这个男孩的机智把大家逗乐了。国王和大臣们答应了他的请求。

这个男孩在处于不利地位时巧妙地把客人们引入"人非法"与"法律非法"的两难选择中，使大家默认了法律非法的论断，然后又诱使他们修改了这条非法的法律，改变了自己非法的地位，获得了继承权。

当自己处于劣势，不利于直接正面迎战时，不妨运用自己的智慧，开动大脑，审时度势，见机行事。如果对方同意自己的观点，显然与他们的实际情况不符；可是如果不同意，无异于否定了自己的话，因此，就会把对方处于囚徒困境中。

◆ 如何摆脱对方的要挟

在博弈中，虽然合作是必要的，但是，合作不是处处依赖对方而自己没有独立意识和独立作战的能力。如果你试图依赖对方，那么你的利益肯定会受到损失。

在楚汉相争中，韩信与刘邦无疑是同一战壕的战友。而且，韩信的军事天才，在汉军中是屈指可数的，在被任命为大将后，更成了刘邦的主要依靠。可是，每逢危急之时，韩信就把要价抬高，甚至要求与刘邦分庭抗礼。因为在他看来，自己是刘邦值得依赖的人，刘邦打天下离不开他，因此，韩信对刘邦的威胁步步升级。刘邦的利益也在一步步地遭受着损失。

汉四年，经过韩信的征战，齐地终于稳定下来。韩信对自己的出手着实有几分得意，估摸着老板也该看在自己工作业绩的分上有所表示了吧？好不容易等到了汉王刘邦的信使，却不是来封赏的，而是因为刘邦在荥阳混不下去了，让韩信分兵支援。韩信虽然内心颇有不爽，但也不好拒绝，因此以齐地刚刚收复，齐人"伪诈多变，反复无常"为由要求刘邦封他做假齐王，代理刘邦行使管理齐地的职能。此时，韩信要权的野心表现出来了。如果答应韩信，刘邦的利益当然会受到损失。于是，刘邦破口大骂："好你个韩信，我在这儿都无法揭锅了，你倒好，乘人之危给老子玩这一手！"

当时，亏得张良、陈平为大局考虑，在桌子底下猛踩刘邦的脚丫子让他不要出言不逊，刘邦才猛然醒悟，借口说："男儿汉，要封王就封个真王，当什么代理啊？"刘邦就这样含糊地回答了，激起了韩信的壮志，也等来了韩信的救兵。

如果不是张良、陈平的提醒，以刘邦的脾气，他的利益肯定受到损失。

当你与会利用你的人合作时，要挟的问题就出现了。而且，当你对某个人或新组织的依赖性越强，对方要挟你的筹码也就越大。因此，在博弈中要想公平合理地为自己争取到最大利益，使自己的利益不受损失，就要避免依赖那些会利用你的人，哪怕是与你合作的一方。

要摆脱对方的要挟可以从以下几个方面入手：

1. 与对方签订长期合作协议

在美国的汽车配件生产商中，费雪车身厂在1920年曾应通用汽车之邀请，为该公司生产封闭式的金属车身。

通用的用货量当然不可小看，可是对于费雪车身厂来说，必须投入巨大的专用资金才能达到通用的要求。可是，一旦通用中途变卦不再需要此种车身，那么，费雪就要承担很多损失。因为这种车身就是为通用量身订制的。

因此，为了保护自己的利益，既和通用合作又不至于被通用利用要挟，费雪要求通用汽车签订长期合同，并且规定通用汽车只能从费雪车身厂购买封闭式金属车身。这样，费雪车身厂的利益得到了保护。既依赖于通用，又没有受到它的要挟。

当然，这项协议签订后，通用配上费雪生产的封闭式金属车身，销售看好。于是，许多厂家也跟进费雪生产封闭式车身，企图打开通用的大门。可是，由于费雪车身在协议中规定通用汽车只能从自己这里采购，因此，既避免了通用的背叛也削弱了竞争对手的利益。

2. 削弱权力

对要挟问题的解决办法还可以通过逐步削弱对方的权力来达到目的。当然做这些不能直截了当地去做，而要讲究艺术和方法。

面对韩信的威胁，刘邦决定从韩信手中夺回主动权，摆脱自己过分依赖韩信的局面。因此，刘邦采取了以下措施：

第一次是在公元前205年，韩信大破魏王，平定魏、代等地后，刘邦派人收其精兵，只让韩信几万人去和赵国几十万大军战斗。即便是这几万人的将领也都是刘邦比较忠心的部下。这些人在韩信军中的作用，绝不仅仅是攻城略地那样简单，也担当着保证刘邦对军队控制权的任务。可见，刘邦对韩信是怎样的防范。

第二次是在公元前204年，韩信破赵降燕、平定北方。刘邦突然还军至定陶，冒充使者驰入韩信的军营中，直接进入他的卧室，取走了他的兵符和令箭，到其卧室收其兵符印信，韩信竟然还在睡梦中。

第三次是公元前202年，项羽在垓下被消灭后，刘邦改封韩信为楚王，此后又降为淮阴侯。

这三次夺兵权的行动，背后就是刘邦的最小化要挟问题的博弈策略。因为从一开始任命韩信为大将时，刘邦已经预见到了将来可能会受到对方要挟的局面。

有时我们也面临着和多方势力博弈的情况，而每一方都和自己的利益相关。此时，怎样摆脱他人的要挟呢？

如果自己并不是主要竞争人，要想从任何一方获取收益，那么，最好的策略就是不明确依靠哪一方。这样不管哪方败退，自己都不会受到太大的伤害。而如果另一方获利，自己也可以从中获得收益。

在这方面，基辛格曾作出聪明的选择。

1968年，美国总统大选期间，基辛格也在紧锣密鼓地进行着自己的筹划。他的目标是国务卿。

此时，竞选总统的既有共和党的代表尼克松，也有民主党的候选人韩福瑞。在局势不明朗的情况下，基辛格要当国务卿，显然，需要让双方都对他有好感。

因此，基辛格告诉尼克松的竞选团队，他可以为他们提供宝贵的内部情报，尼克松集团于是很高兴地把他作为自己的潜在盟友。同时，基辛格也在为韩福瑞提供着必要的服务——把尼克松的情报透露给他们。

最后，虽然韩福瑞落选，但是基辛格也没有什么损失。因为尼克松对他也有好感，因此，在尼克松上台后，基辛格顺利地当上了国务卿。

其实，基辛格与双方的博弈中争的就是国务卿的位置，至于谁做总统对他来说都无所谓。因此，他不会把自己捆绑在任何一条船上，受制于人，从而也达到了自己的目的。

不论是政坛较量还是在与普通人的合作中，都不能把自己的身家性命完全托付于对方，即便对方与你是怎样的情投意合。如果你过分依赖对方，当对方看破了你的这种心理时就会想办法来对付你，让他自己的利益最大化。

因此，一个有理智的博弈人，要想保护自己，不被别有用心的人要挟，在进行每一项博弈前都必须首先明确自己的目标。尤其是在与多方博弈中，你不能肯定哪一方会获得胜利时，就没必要对哪一方过于忠诚，以免自己全力支持的一方一旦失败，自己也跟着受到损害。相反，要设法套牢那些能要挟你的人，并且想方设法地削弱他们的权力，使他们的计谋无法得逞。

◆ 选择多个合作伙伴

在博弈中，要挟似乎不可避免。不论是国家之间还是个体之间，还是个体和集体之间，凡是存在着利益和冲突，就必然会出现一方要挟另一方的局面。

因此，要想摆脱他人的要挟，可以选择多家合作伙伴，不把自己吊在一棵树上。

生活中，有些人追求爱情时就是非他不嫁，甚至失恋后为此寻死觅活，就是因为脑筋太死，非要在一棵树上吊死，因此才成了被感情要挟的人。

爱情本身不是件坏事情，只是爱得太深会成为累赘。爱情如果是棵树，不能在一棵树上吊死，因为生活的内容太丰富，让爱情树承载生活的所有内容未必牢固，有些情感只能是一种守望，在守望下轮回转世，谁又能断定爱情没有轮回呢？所以聪明的人不会在一棵树上吊死，一旦发现树要枯萎，马上重新找棵树，你的生活又会焕然一新了。

其实"不能吊死在一棵树上"是理性的，只有经过选择比较才知道谁适合你，俗话说得好，货比三家嘛。

　　"不要在一棵树上吊死"，不但适用于恋爱中的男女，在商战博弈中，"一棵树上吊死"也是商家大忌。对于商家选择供应商来说，原料采购不仅是一件大事，更是一门大学问。选择好的供应商，将会使采购工作顺利进行，反之，则会造成企业成本增高，甚至造成巨大损失。如果货源被一家供应商控制住，则会受制于人。因此，多一些选择会使自己左右逢源、进退自如。

　　小伟在上海浦东区经营一家陕北风味的小吃店。虽然并非什么高级餐厅，但是，小伟因为是独家生意，特别是油泼辣子面，很受附近的西北打工族欢迎。但最近几个月，他发现来店就餐的顾客越来越少，通过了解情况后他才得知，原来顾客感觉他的饭菜原料比不上原来地道了。小伟明白了，问题出在供应商身上。

　　原来小伟一直都从附近的小供应商处进货。后来，附近的同行也从该供应商处进货，特别是一些比小伟实力雄厚的客户加入后，供应商看到小伟用量小，送货繁杂，因此在原材料上做了手脚。这样就造成了小伟的餐厅，越是客人急需的新的食物原料，越是拿不到。因为新的食物原材料价格高，进货数量少，供应商首先方便了大饭店。因此，小伟的餐厅业绩下滑，失去了竞争力。

得知事情的原因后，小伟下定主意要更换新的供应商。后来，终于选定了一家距离不是很远，又能够送货的供应商。这家原料供应商不仅经手的产品种类丰富，而且只要有新的产品出现就立刻送样品来，甚至连所知道的相关烹调法也一起告知小伟。在新的供应商的帮助下，小伟的餐厅重新吸引了很多客人。

当然，多家选择，并非多多益善，而是要选择和自己情投意合、志同道合的，能理解自己的奋斗目标和奋斗方向的。这样的合作伙伴才能给予你得力的支持。

当年李彦宏在为创建中文搜索引擎融资时，整天开车在旧金山路走街串户，寻找合适的投资人。当时，有好几家风险投资公司追着投钱，也有人对李彦宏说："多给你钱，你能不能做得更快些？"对一般人来说，只要能拿到投资，对于投资人的要求，往往想都不想就会答应，何况是追加投资。但李彦宏拒绝了对方的提议，表示自己必须要进行认真的思考。

李彦宏的融资前提首先是要求投资者对搜索引擎的前景持乐观态度。在中国内地，项目由于得不到投资方的持续支持而垮掉的并不少。因为投资方大多急功近利，今天买了母鸡，明天就希望它能下蛋，而且下的蛋越多越快越好。他们好提前收回成本，大赚一笔。可是，项目的进展并非都能满足投资方的意愿。因此，李彦宏吸取教训，千挑万选之后，最终和Peninsula Capital（半岛基金）和Integrity Partners（信诚合伙公司）两家投资商达成了协议。这些风险投资商看中李彦宏从来不说大话、不会为了多融资而胡乱吹捧项目。正因为双方情投意合，因此，百度很快运作起来，并且得到了后续资金的支持。

因此，不论是生意合作中还是与人交际时，都要多家选择，最后确定适合自己的合作伙伴。多家选择并非就是不忠诚。忠诚都是适度的，在任何领域、与任何人合作的过程中，忠诚，必须在自己的原则不被动摇的前提下。多家选择的目的在于，一旦其中的某一方想控制你时你可以随时另选高枝，这样，就会避免受制于人。

第九章　把握恩与威的尺度，合作才稳固

在博弈的过程中，当然需要友好和真诚的合作，但这种友好和真诚也并非都是无原则的。当你发现"盟军"或者你的手下有人居心叵测，想动摇你的地位或者威胁到你的利益时，就需要"亮剑"。这就像胡萝卜和大棒的关系一样。有恩无威，不过是软弱的面团，没有大棒，别人就会来抢你的胡萝卜。

当然，你惩戒的只是少数，惩戒那些为大多数人所不容的少数是为了保障大多数人的利益，是为了赢得大多数人的支持。对于大多数人需要用胡萝卜、用情感的力量来赢得人心。因此，善于用人的人，都将恩与威的尺度把握得很好。这样，你的"盟主"地位才能坐牢固。

◆ 重复博弈要靠信任

无论在自然界还是在人类社会，信任与合作都是一种随处可见的存在。在博弈中，只有双方互相信任，才能有充分博弈的可能。否则，一点点不信任的火星，就可能烧起燎原大火，使原来的合作成果化为灰烬。

在双方的合作中，取得对方的信任有时比你单纯地信任对方更重

要，因为你信任对方并不等于对方信任你。在囚徒困境中，囚徒之所以选择背叛同伴而接受警察的条件，是因为他们彼此互不信任，都认为对方会背叛自己向警察坦白罪行。因此，警察在与囚徒的博弈中胜出。囚徒这样的互相背叛也说明了大多数人存在的心理——大难临头各自飞。

由此可见，要取得对方的信任有时并不是一件容易的事，即便是那些你身边特别了解你的人。至于在与陌生的对方初次合作，而且对方比你更有知名度和信誉度的情况下，对方如果对你的能力有所怀疑，这更不足为奇。比如，你在人脉圈中被误会并给自己的信用品牌带来了危机时，那么，要想取得对方的信任更是比登天还难。有时候，需要付出沉重的代价。

在好莱坞电影《谈判专家》中，芝加哥警局谈判专家丹尼就面临着不被同事们信任的危机，以及来自亲人的不信任，这足以让一个人没有立足之地。因此，为了取得同事们的信任，丹尼付出了很大的代价。

事情的起因是这样的：有一天，丹尼的搭档突然被人杀害。可是，调查的结果却是，丹尼成了重大嫌疑人。尽管丹尼是被人栽赃陷害的，可是有谁能听他的辩解呢？在警察们看来，谁都可能成为被怀疑的对象。无奈之下，丹尼闯入警署内部事务科，劫持了那些真正有犯罪嫌疑的人。

这个举动，震惊了整个警署大楼。顿时，丹尼被同事们团团包围，狙击手们已瞄准了他。其中，那些本来就想栽赃陷害他的人更是想趁机置他于死地。丹尼的生命面临着危险。

死在同事和下属们的枪口下，丹尼当然于心不甘，这也不是他的初衷。那么，怎样才能在千钧一发的时刻取得他们对自己的信任，保证生命的安全呢？

这时，丹尼拿起对讲机充满深情地说道："我知道此刻，我的好朋友们都在这里，我去过有些人的家，庆祝过孩子的受洗礼，我们经常在一起喝酒。在一次又一次劫持人质的现场，你们是这样的相信我，把生命都交给我来指挥。"他的话，令人们想起了以往的友谊。顿了顿，丹尼充满信心，用坚定不可动摇的语气激昂地说道："那么，今天，请你们再相信我一次，我一定要揪出杀害我们同事的真凶，让他瞑目……"

丹尼对被杀害同事的真诚和坚决，以及揪出元凶的决心打动了他的同事们，已经瞄准丹尼的枪放了下来……

在丹尼的生命面临危险的关键时刻，哪怕是多数同事相信他是无辜的，也随时有可能发生意外事件而开火。在这种情况下，他唯一能做的就是让同事们再相信他一次。

由此可见，相信的力量是多么神奇。它能令反目为仇的人瞬间变为战友，让危险的局面顿时云开雾散。

当然，要让对方相信自己，首先要做到自己是个诚实守信的人，也就是说自己的人品素质要经得起考验。只有自己先守信，别人才能信任你。不论遇到什么样的境遇也不要改变自己诚实守信的信念，只有经得起考验的人，才能为自己树立一块诚信的丰碑。

16世纪末期，荷兰有一位船长名叫巴伦支，为了在激烈的海上贸易竞争中胜出，他决定开辟一条从荷兰到亚洲的新航海路线。可是，当他载着满船的货物路过地球上最寒冷的北极圈三文亚时，却遭遇了海面的浮冰，他只得先把船停靠在岛屿旁边。

在零下四十摄氏度的严寒中，船长和水手们只能靠打猎维生度过了8个月漫长的冬季。17名船员中有一人因为恶劣的环境而丧生。虽然，船上有可以挽救他们生命的衣物和药品，但他们却丝毫未动，因为那些货物都是客户的。

等春天到来后，幸存的船员终于把货物完好无损地送到客户手中。他们用生命的代价坚守诚信，这样的信誉震动了整个欧洲，也赢得了荷兰海运贸易在全世界的市场。

没有信用，就没有秩序，市场经济就不能健康发展。市场经济是信用经济。不仅经商之道，需要以诚为本；为人处世，更需要以信而立。在社会上生存，人与人之间无时无刻都存在着密切的联系，如果你没有诚信，对方怎么敢信任你，又怎能与你合作共事？这自然会增加你与人们博弈的成本，从而影响你的成功概率。因此，诚信是做人的精神与原则，是一种道德规范和行为的准则。

当然，要让对方相信你，也需要讲究艺术。因为你虽然可以决定自己信任对方的程度，但你却无法决定对方信任你的程度。因此，如果是你的亲人、朋友或同事对你产生了信任危机，那么你就可以用情感的力量来打动对方的心。让对方回忆你们曾经美好的情谊，放松戒备的心，之后坦白地告诉对方你的态度，以取得对方的理解和认可。在博弈的过程中，虽然人们相互之间都是为利益考虑，但是，人并不是时时刻刻都是理性的。因此，需要重视情感的力量。

如果你是在和陌生人博弈，不妨让第三者为你做证，证明你的信誉度，这样，比你单纯地说服对方更有可信度。同时，也避免了自卖自夸的嫌疑。

总之，有信任才能有重复博弈的可能。在信任的基础上双方才可能长期合作。

另外一点不可忽视的条件是：信任也是建立在利益相关的基础上。双方之间之所以能彼此守信的原因在于，追求长远利益的动机。在这种动机下，他们不会为了短期的利益而做出不守信用的事情。

比如，我们都知道，农村人淳朴厚道。不仅是因为他们生活在默默无语的土地上，生活在地域有限的村庄，不用能言善辩。还有更重要的是，这些农民祖祖辈辈要在这个村庄生活下去，他的后代们还要与其他村民进行无数次生活的博弈。如果自己有好吃懒做和赖账的名声，那么，他的儿孙们就很难得到人们的帮助。"光棍汉"们之所以借钱难，一方面是因为他们没有后代，没有重复博弈的可能；还有一个原因，他们大多好吃懒做，有偷鸡摸狗的习惯。这样糟糕的声誉，谁会与他打交道呢？更不用说借钱。因此，凡是本分老实的农民都特别看重自己的信誉和颜面，因为这不仅关系到自己，也关系到子孙后代幸福生活的指数。为了与村民重复博弈、长期合作，农民们也会选择守信。

由此可见，如果双方知道自己进行的将是重复博弈，那么也会有保持诚实守信的动机。

不论是出于何种目的考虑，不可否认的是，在博弈中，建立在诚信基础上的相互信任都是至关重要的。对于一个国家而言，诚信是立国之本；对于一个组织而言，诚信是立业之本；对于一个人来说，就是立身之本、处世之宝。博弈者应该把诚信作为自己的主动选择，增加把一次性博弈转化为重复博弈的概率。

◆ 看清人心需要重复博弈

俗话说："路遥知马力，日久见人心。"人们在一起相处的时间长了，博弈的次数多了，就会了解更多关于对方的人品、德行等方面的越来越多的信息，就会对对方逐渐地了解和熟悉起来，从而决定自己应该交往还是应该断交。

为什么人们需要重复博弈呢？因为第一印象往往靠不住。由于虚荣心所致，人们对于自己某些方面的缺陷往往会主观地掩饰起来。比如，一位新员工刚到新单位，通常都会有积极表现，脏活累活抢着干。可是，日子一久，即便垃圾堆在他脚下可能都懒得打扫。此时，他的本来面目才露出来。再如，谈恋爱时都是"情人眼中出西施"，越看越可爱。可是，结婚后才发现，女人不是懒得出奇就是脾气太大，动不动就摔东西；男人也是臭袜子到处塞，把家弄得像猪窝一样。这就是因为在谈恋爱时，双方都只展现了最好的一面。等结婚多年以后，双方不必带着假面具生活了，才露出了"庐山真面目"。还有那些山盟海誓、两肋插刀的酒肉朋友，当初何等义气，可是在长期的交往中，你会发现，落井下石的也许就是这些人中的一个。这是因为人心难知，广泛存在的信息不对称使我们时时刻刻需要面对处世的风险。因此，不论是生活还是在其他方面，只有在重复博弈中才能看清一个人的真实面目。只有在重复博弈中我们才能看清哪些人是真正的朋友，哪些人是别有用心的人。

王莽在夺权前，何等谦恭退让。如果不是重复博弈，谁能看清他的真实面目。

当时，王莽对于当朝的大司马（也就是人们熟知的丞相一职）的伯女王凤极为恭顺。因此，王凤在临死前，曾嘱咐家人要照顾王莽，于是，王莽走进仕途，从黄门侍郎很快被提升为射声校尉。虽然，官职升了，但是王莽依旧装出礼贤下士、清廉俭朴的样子，不但把自己的俸禄分给门客和穷人，甚至不惜卖掉马车接济穷人。当然，人们也被他的好心善心蒙蔽了，对他一片称赞之声。在众人的赞誉声中，王莽又先后被提升，平步青云。终于，王莽在38岁出任了大司马。

人们对王莽最好的印象是王莽的大义灭亲。当时，他的儿子曾经杀死了家中奴仆，王莽硬逼儿子为家仆偿命，这样的举动当然赢得了世人的好评，得到了朝野的拥戴。

之后王莽回京居住，又过了一年，汉哀帝无子而薨，王政君掌管了传国玉玺，王莽继续任大司马，兼管军事令及禁军。然后立汉平帝，而王莽虽然再三推辞，但最后还是接受了"安汉公"的爵位，而将俸禄转封给了两万多人。后来他被加封为宰衡，位置甚至在诸位王侯之上，而他又宣扬礼乐教化，又深受儒生们的拥戴。

但是，就是在人们的一片爱戴声中，王莽看到时机成熟，竟然毒死汉平帝，立年仅两岁的孺子婴为皇太子，王莽成为"假皇帝"或"摄皇帝"。最后，迫不及待的王莽终于使用手段逼孺子婴禅让，登基为帝，改国号为"新"。

王莽用自己的俭朴与爱民之举赢得了政治选举中的民意支持，甚至朝野上下也对王莽抱有尊敬的态度。就是这样一个万民拥戴的人去逼死汉平帝，威吓小皇帝，篡夺国家大权。如果不是重复博弈，人们怎能看清王莽最后的野心！

由此看来，无论是识人还是用人，都不能根据一时一事的现象下结论，而要从长远的时间和历史上来衡量。

因此，随着时间的推移，观察得全面，我们会获得对方更多的信息，从而改善我们对对方信息不对称的局面，得出比较贴近真实的结论。

因为凡是那些过于精明的人总想在一次博弈中就把利益全部占尽，他们往往急功近利，不懂得重复博弈带来的长久利益要比一次性博弈更加长久。特别是在争权夺利中，他们一旦看到自己由于身体健康或者其他方面的原因，不适合打持久战时就会不择手段，往往等不到漫长的无限次博弈就会逐渐暴露出自己的真实面目。

由此看来，重复博弈可以减少双方信息的不对称性，从而可以更加明智地作出双向选择。一旦感到对方有背叛的苗头或者对方不适合和自己合作，就可以果断行动，不至于因为被蒙蔽而拖延时间。如果这次他拒绝合作，那么下一次，你也可以拒绝合作。

而那些选择重复博弈的人往往是自己的合作伙伴。交易双方因为害怕失去信誉，会很小心地遵守每一项承诺。因此，重复博弈从某种程度上说也有利于个人或者组织信用制度的建立。因为个人一次违反信用，可能会损害其终生收益。

假设某家企业这次欠了某银行贷款不还而其他银行还不知道，下次欠了另一家银行贷款其他银行会通过调查其信用制度断然拒绝为其贷款。因为，随着博弈次数的不断增加，掌握对方的信息会越来越多。

而且在一个共荣共生的生态链中，每一个合作伙伴的信息都是透明的、共享的。重复博弈使得更多的私人信息变为博弈双方或者多方的公共信息，那么第一家银行对这个企业的评价也会影响第二家银行对该企业的看法，从而决定该企业是否值得信任，看清了对方是否适合合作。从而也可以大大降低双方交易的不确定性和交易风险。

特别是在和陌生的对方合作时，重复博弈的次数越多，获得对方的相关新信息就越多，这些新信息就可以补充修正原来的信息，如此，对对方得出的认识才是较为客观、公正的。

当然，重复博弈继续进行下去，双方的信用关系将得到进一步强化和发展，而那些别有用心的人，或者对于那些不适合与你合作的人来说，在重复博弈中，也会暴露出他们的真实面目。这样你就可以果断决定是牵手还是断交，以保证自己及组织的利益尽量少受损失。

◆ 小人物也有大力量

我们都知道"大鱼吃小鱼，小鱼吃虾米"这个似乎不可动摇的真理。但是，在博弈中，这样的经典理论并非都成立。

一位酷爱养鱼的人曾经向鱼缸里投喂了小虾，原以为这些不起眼儿的"小人物"只能成为身体雄伟而美丽的热带鱼的美食。但是，令他没有想到的是，小小的虾米们居然凭着相对坚硬的外壳非但没有被捕食，反而让一些小型的热带鱼成了它们的盘中餐。

虾米这些"小人物"居然能打败比他们庞大数倍的热带鱼，简直是个奇迹。

这个自然界的生存法则告诉我们：永远不要忽视了小人物的力量。小人物的力量一旦放大，也可以产生"蛇吞象"的效应。

一只狮子抓住了一只老鼠，这只狮子经不住老鼠的苦苦哀求而放了即将到口的猎物。小老鼠临走时说："以后有机会我一定会报答你的。"狮子说："你一只小小的老鼠能帮我什么呢？"后来，狮子掉进了猎人设计的圈套，被猎人用巨网网住了。在生死危急的时候，小老鼠带领它家族的成员，撕咬断了巨网的绳索，狮子从而得以逃生。

这不仅仅是个童话故事，在现实生活中，小人物确实能发挥出不可思议的力量，帮助大人物走向成功。

为人处世中，不可拔高贬低，不可忽视身边那些小人物的力量。在博弈中，如果你处在弱势时，一定要理智地选择自己的合作对象，依附强势是不明智的行为，因为强势已经很强大，他们可能根本就不需要你；而与弱势合作也是不错的选择，可以让别人需要你而依附你，让自己成为主宰的力量，从而转变为博弈中的强势。

当然，小人物既能在关键时刻助你业绩辉煌，也会因为你对他们的疏忽和排斥等，阻碍你的发展和成功。因此，千万要注意掌握和小人物共处的艺术。

1. 维护小人物的心理平衡

一般来说，小人物因为人微言轻，通常有一种自卑的心理。他们比其他人更在乎自己的自尊。因此，你对他们哪怕是一丁点儿的侵犯，他们都认为是对他们极大的侮辱。比如，小人物常常会因为家庭贫困而自卑。可是，你却不小心在这方面开了个玩笑。这在别人看来也许没什么，但是在他们看来是很伤自尊心的。性格偏激的人甚至会与你绝交。

因此，在自己的言行中，要注意时时刻刻维护他们的自尊心。越是他们的软肋，越要注意维护，对于他们取得的成就，不妨夸张地给予表扬。

2. 注意情感投资

一般来说，小人物很难和显赫的名声、优厚的利益捆绑在一起，因此，对小人物要注意感情投资。有时，在他们身上不经意的投入，就有可能带来意想不到的连锁反应。

在官渡之战兵处劣势时，曹操听说袁绍的谋士许攸来访，竟顾不得穿衣整冠，赤着脚慌忙出来迎接，对许攸十分尊重。许攸感其诚，遂为曹操出谋划策，帮了他的大忙。

3. 打击居心叵测的小人物

在职场上，一些才华横溢、能力强的人认为，只要自己取得业绩，赢得上司的赏识，加薪和晋升指日可待了。他们对自己的能力深信不疑，却对于职务不高的小人物没有给予应有的关照。于是，这些不能发光的小人物就会产生嫉妒心理，甚至想方设法给他们的成功设立障碍。

因此，对于这样的小人物，要讲明利害关系，必要时采取措施，不能默默忍受，否则就是助长他们的气焰。

当然，大多数小人物都是心地善良的，因此，争取他们的理解和支持才是明智之举。

社会上，小人物是容易被忽视的。但是，一个社会的正常运转，实际上是靠小人物支撑起来的，而一个人的成功，也离不开小人物的默默奉献。因此，在人际关系中，要赢得小人物的支持，需要多用胡萝卜，少用大棒。

◆ 团结大多数

在博弈的过程中，你所面临的往往不止一个对手，而是方方面面、形形色色的对手。此时，你最好的策略，不是如何将对手各个击破，而是设法分化敌人，团结大多数，这样你才能够在复杂的局面中取得最后的胜利。

在海盗分金中，如果只有2个海盗的话，那么，最凶残贪婪的海盗肯定会选择独得100枚金币。

可是，现在加上了一个更凶猛的海盗3号。3号知道，如果不给1号、2号一枚金币，他们什么也得不到，就会投票让自己去喂鱼。可是，如果给两人各自一枚金币，自己的损失就有些大。此时，怎么办？3号的最佳策略是：1号得1枚，2号什么都得不到，自己独得99枚。因为自己比1号凶残，1号不会不自量力与3号发生冲突。再者，1号有利可图，不至于倒向2号一边。而2号呢？没有什么实力，看到1号拥护3号，也会同意3号的方案。

显然，3号是聪明的。他采取了分化1号这个中间派的办法达到了自己的目的。

假如有众多海盗参与分金的话，假如他们都有理性的话，还是会选择分化、拉拢、争取大多数的办法。因为任何分配者都想让自己的方案获得通过。他们都想用最小的代价获取最大的收益，那么，拉拢分配方案中最不得意的、被之前的分金海盗抛弃的人，无疑是可以达到目的。

虽然，人们不可能像3号海盗这样巧取豪夺。但是，这个例子给我们的启示是：在博弈中，不论你是弱势一方还是强势一方，都需要争取中间派的力量。比如，历朝历代争斗不休的宫廷政变得胜者都是通过拉拢利益分配方案中最不得意的人，而打击"挑战者"，最终以最小的代价获得最大的收益的。

中间派就是墙头草之类的人，他们可以"事不关己，高高挂起"，也可以随大流，发挥从众效应。他们彼一时，此一时，在这一方面和你对立，在那一方面却不一定对立。因此，要让这些中间派倒向自己一边，争取博弈的最大力量。

在历朝历代，皇位之争都是惊心动魄的。在清朝历史上顺治皇帝的继位更是值得大书特书。

皇太极死后不久，以索尼、鳌拜为首的大臣便齐往豪格家，策划立豪格为皇帝。

密谋之后，他们又找到济尔哈朗，谋求他的支持。济尔哈朗表示倾向于立豪格为皇帝，但是又主张要与多尔衮商议。

与此同时，多尔衮和多铎所统率的正白、镶白两旗，则主张立多尔衮为君。双方各不相让，形势极为紧张。清政权处于危机之中。

商议皇位继承人的贵族会议召开后，索尼和鳌拜首先倡言"立皇子"，而后两黄旗又包围了宫殿。而且，两黄旗大臣佩剑向前说："我们这些人吃先帝的，穿先帝的，先帝对我们的恩情有天大。要是不立先帝的儿子，我们宁可死追随先帝于地下！"

此时的两白旗并不示弱，他们力劝多尔衮即位。

在这剑拔弩张、互不相让的紧要关头，表面憨厚而内心机敏的郑亲王济尔哈朗提出一个折中方案：让既是皇子、又不是豪格的福临继位。多尔衮权衡利弊之后说："我赞成由皇子继位。只是福临年纪小，应由郑亲王济尔哈朗和我辅政，待福临年长后归政。"对下层臣民而言，多尔衮和济尔哈朗是皇太极晚年最信任、最重用的人，许多政务都由他们二人带头处理，所以对他们辅政也并不感意外。这时，豪格也不好反对。

当然，多尔衮同意济尔哈朗的方案，是由于福临年幼，易于控制，同时可以排除豪格。可是，如果只是他一人摄政恐怕也得不到对手的同意，所以便拉上济尔哈朗这个中间派，可以为自己的独断专行打掩护。这样，这个妥协方案就为各方所接受了。

在豪格和多尔衮的较量中，济尔哈朗无疑是中间派。但是，在关键时刻，却是他提出了一个候选人，平息了即将发生的内讧。由此可见，中间派的力量是多么关键。

多尔衮掌权以后，即便是对于曾经支持豪格的大臣也实施了分化瓦解的措施，其中半数先后倒向了多尔衮。多尔衮就这样顺利分化瓦解了两黄旗大臣，争取了自己在和豪格博弈中的大多数力量。

当然，要争取中间派需要策略。多尔衮的策略就是让济尔哈朗和自己比肩而立。但是，因为济尔哈朗的势力远远比不上自己，因此也不会对自己造成什么危险。

　　至于其他争取中间派的办法，还有很多。

　　总之，必须利用一切机会，设法使对立派内部产生裂隙。同时也要争取对立派的力量，化敌为友。你争取的支持者越多，你的队伍越壮大，你博弈制胜的可能性也就越大。

第十章　借助人脉资源，寻求收益最大化

博弈虽然是两种对立的力量互相争夺，但是，每个博弈者在决定采取何种行动时，不但要根据自身的利益和目的行事，而且要考虑到自身的决策行为对其他人的可能影响，以及其他人的行为对自己的可能影响，通过选择最佳行动计划，寻求收益或效用的最大化过程。

要想取得人生博弈的成功，既需要人脉的支持，也需要借助对手的力量，更需要和合作方一起做大蛋糕。只有资源共享，才能在更高的平台上跨越和腾飞。

◆ 博弈离不开人脉的支持

一个人想要在社会上立足，就必须有一个属于自己的圈子。生活中为什么有的人像坐了电梯一样步步高升，而有的人则摸爬滚打数十年仍一无所获？这一切最深层次的根源就在于——人脉！

美国人际关系大师卡耐基说："一个人的成功，专业知识作用占15%。而其余的85%则取决于人际关系。"人脉是一个人通往财富、成功的门票。

不但创业致富需要依靠人脉的支持，在其他方面想要取得成功同

样也需要人脉的鼎力相助。博弈也是同样，不管你自己具备多么强的能力和综合素质，都需要他人的帮助和支持。我们立身处世虽然要自力更生，不要轻易靠人，但是千万不可忽视人际关系的重要性。对于每个人来说，如果光有能力，没有人脉，个人竞争力就只能是一分耕耘，一分收获。而有了人脉的支持，就可以一分耕耘，十分收获。

现实生活中的每一位成功人士都有一个共同特点，那就是他们都具有建立并维系一个良好的人际关系网的能力。经营并维护好自己的人脉圈，不但会距离成功越来越近，而且也可以增加自己心理的满足感、幸福感与稳定感，有益于自己的身心健康。

那么，良好的人脉究竟对个人会带来怎样的帮助呢？

1．有人脉就有信息

在信息发达的时代，拥有无限发达的信息，就拥有了无限发展的可能性。信息来自你的朋友圈。人脉有多广，朋友圈就有多广。能为自己的发展带来便利。

2．人脉就是无形资产

另外，人脉资源还是一种潜在的无形资产，这种人脉资源不仅在公司工作中有用，即使你以后离开了这个公司，它也将在你的创业途径中，发挥无与伦比的作用。比如，在创业过程中一旦遇到某一方面的困难，你就会知道该打电话给谁。

3．人脉就是机遇

不论是求职还是干事业，人脉就是机遇。

根据人力资源管理协会与《华尔街日报》共同针对人力资源主管与求职者所进行的一项调查显示：95%的人力资源主管或求职者通过人脉关系找到适合的人才或工作，而且61%的人力资源主管及78%的求职者认为，这是最有效的方式。

小强大学毕业后，自以为可以找到最好的工作，结果却徒劳无功。一天，他在朋友的家中见到一位记者，无意中说出了自己的烦恼。记者了解他的情况后说："噢，那正好，如果你愿意，星期一来找我。"

次日，小强打电话到记者的办公室，这一通电话改变了小强的命运。在街上闲晃了一个月的小强，站在了铺着地毯、装饰得大大方方的办公室内，顷刻间拥有了一份体面的工作。原来记者给那个企业做过报道，没有多少文化的老板无意中说起需要一个文秘。

对小强来说，那不仅是一份工作，更是一份事业。3年后，小强还在这一行继续挖掘金矿，而且成为当地有名的制笔厂公司的经理助理。

小强至今都感谢神通广大的记者对自己的鼎力相助。对自己来说，磨破铁鞋也找不到的机遇竟然被记者一个电话就搞定了，在此之前这种神奇的事情对他来说简直连想都不敢想。

也许你会说，我哪里有机会认识记者这样的大贵人啊！那么，在你的身边，就有很多你可以利用的人脉。你对此充分挖掘了吗？

在比尔·盖茨的成功中，就离不开身边这些人脉的大力支持：

球星外婆将家族中的100万美元转给他；母亲是盖茨第一笔订单、也是最大最长的订单（与IBM合作捆绑销售软件）的中介人；律师父亲对合同和官司的作用功不可没；姐姐也是他最初卖课程表软件的中介人……夫人、好友对他的生意也起到过举足轻重的支持作用。至于中学同学艾伦，是他创业的得力助手，艾伦性格温和可以弥补盖茨的不足。大学同学鲍尔默的加入更是让微软每年以25%的利润速度增长……父母、教师、合作伙伴，就是这些身边的人脉在比尔·盖茨事业开展的过程中起到了非常重要的作用。

因此可以说，生活中你所认识的每一个人都有可能成为你生命中的贵人。如果你足够聪明就要让自己做个有心人，随时随地注意开发你的人脉金矿！不论是达官贵人还是平民百姓，当你有喜乐尊荣时，会有人为你摇旗呐喊；当你有事需要帮忙时，会有人为你铺石开路、两肋插刀。只要你善于开发，每一个人都会成为你的金矿。

当然，人脉的积累是长年累月的。不管是一条人脉，或是由人脉伸展出去的人脉，都需要长期的付出与关怀，这样才能在看似不经意间逐步建立起自己的人脉网。

如果你想获得事业的成功，就要尽早建立自己的人脉资源网，越早搭建自己的人脉网，你就可能越早成功！

◆ 搭上领跑者的便车

在"智猪博弈"中，"小猪"安安心心地等在食槽边，而"大猪"则不知疲倦地奔忙于踏板和食槽之间。这是"小猪"的智慧。

任何行业中，在前面领跑的，受到的阻力总是最大，而跟随其后者要省力很多，比如，在股市上等待庄家抬轿的散户；等待产业市场中出现具有盈利能力新产品，继而大举仿制牟取暴利的游资；公司里不创造效益但分享成果的人，等等。这些就是"小猪"的行为。

工作中也会出现这样的场景：有人做"小猪"，舒舒服服；有人做"大猪"，疲于奔命，吃力不讨好。生活中也有这样的情况，丈夫勤快，妻子好吃懒做；或者妻子勤快，丈夫懒虫一个。但是，常常是这些懒人却有好福，这是为什么？是因为"大猪"比"小猪"优秀，所以"小猪"找到了优秀的人。

"大猪"们自恃身强力壮，免不了有表现一番的欲望，这是谁也拦不住的，而"小猪"没有那么多的实力可以消耗，表现也是费力不讨好；再者，"大猪"们比"小猪"吃得多，占有了更多资源，因此，从道义上说也应该承担更多的义务。因此，"小猪"这样做，并不是懒惰和自私使然，而是"小猪"吃得少，力量小，吃食物抢不过"大猪"，所以只好开动脑筋，寻找对自己最有利的方案。对于"小猪"来说，生存毕竟是第一要务，然后才要谋求发展。因此，在生存博弈中，如果你面临着"小猪"这样的境况，不妨让"大猪"帮助你成长。

在某建筑公司，负责财务的罗璇一上班就忙个不停，不是申报表就是忙于做账，而财务经理则躲在自己的办公室只管打私人电话，至于给他当下手的阿丽，却在上网跟男友谈情说爱。罗璇看到这一切真是气不打一处来。论资格，罗璇比阿丽年龄大，工作资历长，应该是刚分配工作的阿丽最出力。论官职，财务经理应该指挥万马千军，特别是在改制这个财务工作量最大的情况下，不应该让自己这个上有老下有小的中年人一个人做中流砥柱硬扛着。

到了年终，由于部门业绩出色，上级奖励了4万元，经理独得2万元，罗璇和阿丽各得1万元。想想自己辛劳整年，却和不劳而获的人所得一样，罗璇禁不住满心的不平，但是又能如何呢？虽然他心里埋怨，嘴里嘟囔，工作却没有停下来，谁让他是个认真负责的人呢？如果罗璇工作拖拉，他就无法睡个安稳觉。如果他也不做事了，不仅连这1万元也得不到，说不定还要下岗，想来想去，还是继续当"大猪"吧！

每当罗璇抱怨累时，阿丽总是心中不解："怎么会有那么多人嚷嚷着自己累？我这个小职员不是--直轻轻松松的嘛！"

看到这里，勤勤恳恳工作的"大猪"都会愤愤不平，但是，"小猪"也别自鸣得意，以为自己找到了优秀的"大猪"就可以前程无忧。虽然工作可以偷懒，但做"小猪"也需要相当的智慧，否则，"小猪"也做不轻松。因此，在"小猪"和"大猪"的博弈中，"小猪"需要注意以下几方面：

1. 少出风头

因为"小猪"能力有限，所以还是尽量少出风头，只帮最能干的同事做些辅助性的工作就可。有些人就是爱表现，那就给他们表现的机会，反正硬骨头自有人啃。因为"大猪"们总是碍于面子或责任心使然，不会坐以待毙。那样的话，如果工作搞得好，受表扬少不了你；如果工作搞砸了，跟你也没有多大关系。

2. 注意编织、维护关系网

因为"小猪"工作少报酬却不少，因此，很多同事肯定心中会愤愤不平，因此，"小猪"们要注意精心维护好自己的关系网，平时要善于感情投资，跟同事搞好关系，让他们在关键时刻为你说话。否则你的地位便会岌岌可危。

3. 坦诚自己的不足

比如，万一碰上看不惯你的人时，你要坦白地告诉他：我不是不想做，我是做不来呀！要不你教我几手？这样他人就会减少对你的愤恨。

其实，"小猪"的聪明只能用于自己的成长阶段。如果总是甘心做"小猪"，只能吃到不多的粮食，会限制自身的发展。因此，成长为"大猪"，才是"小猪"的追求。所以，"小猪"要争取让"大猪"的实力为自己服务，增加自己的竞争力，还要在"大猪"的光环外找到自己的生存空间，直到自己成长为"大猪"。那样就可避免非议，在猪群博弈中胜出。

◆ 与优秀的人交往，有助于成才

比尔·盖茨曾说过："有时决定你一生命运的，在于你结交了什么样的朋友。"就像中国古语所说的"近朱者赤，近墨者黑"一样，犹太人对此有形象的比喻："和狼生活在一起，你只能学会嚎叫。"的确，人在好的环境生活，有利于自己的发展。结交朋友也是一样，多和比自己优秀的人来往，更有助于成才。和优秀的人接触，你就会受到良好的影响，耳濡目染，潜移默化，成为一名优秀的人。

法兰西的陆军元帅福熙说过：年轻人至少要认识一位精于世故的老年人，请他做自己的人生顾问。萨加烈也说了同样的话：如果要求我说一些对年轻人有益的话，那么，我就要求他们经常与比自己优秀的人一起行动。

当人们在谈论被称为"股神"的巴菲特时，常常津津乐道于他独特的眼光，独到的价值理念和不败的投资经历。其实，除了投资天分外，巴菲特很早就知道去寻找能对自己有帮助的贵人，这也是他的过人之处。

巴菲特原本在宾夕法尼亚大学攻读财务和商业管理，在得知两位著名的证券分析师——本杰明·格雷厄姆和戴维·多德任教于哥伦比亚商学院后，他辗转来到商学院，成为"金融教父"本杰明·格雷厄姆的得意门生。大学毕业后，为了继续跟随格雷厄姆学习投资，巴菲特甚至愿意不拿报酬，直到巴菲特将老师的投资精髓学成后，他才出道开办了自己的投资公司。

　　人的一生看似在和许许多多的人打交道，但无论你的圈子有多大，真正影响你、驱动你、左右你的，一般不会超过八九个人，甚至更少，而通常情况只有三四个。你身边那几个人影响着你的利益得失，左右着你的思想感情，所以首先要慎重选择身边的朋友。

　　生活中，很多人都有一种自卑心理，他们对于那些地位比自己高，能力比自己强的人越是不肯去结交。反而总是乐于和比自己差的人交际。一方面担心自己会相形见绌；另一方面担心别人议论自己爱抬高门槛。与不如自己的人交际的确能使自己心中产生某种优越感。可是，仅仅满足于自己心灵上的慰藉是十分短浅的见识，因为从这些不如自己的人身上你很难学到一些有益的东西。要想往高处走，必须获得优秀朋友给自己的刺激，以增长自己的勇气。一个有能力的朋友不仅是我们的良伴，也是我们的老师。他们能指引给你一条畅通无阻的大道，让你在奋斗的路途中少走弯路。即便你因为失败而灰心丧气时，他们也不忍坐视你的颓丧，反而会鼓励你重新站起。因此，编织自己的人脉网时需要有意识地结交那些比自己优秀的人，这样才能增大你在生存博弈中制胜的概率。

　　当然，优秀的人并不一定都是成功人士，只要他们在某一方面比你优秀就行，可以根据每个人的爱好、欣赏的角度、追求的过程、享受的结局去选取。或者是能力，或者是品质，或者是性格优势等，这些都可以看作是优秀的人。

　　当然，与优秀人物打交道，除了要做好必要的知识储备和物质储备外，关键是要保持良好的心态。

1. 战胜自卑

当然，一个普通人要与一个优秀的精英人物缔结友情，是相当困难的事。因此，你首先需要战胜自己忐忑不安的自卑和恐慌心理。尽管你可能屡次遭遇"热脸贴人家的冷屁股"的现象，但是这很正常，毕竟"门不当户不对"嘛。重要的是自己看得起自己，适当调整自己的心态。鼓起勇气，有屡败屡战的信念。

环顾我们身边那些事业成功的人，你会发现，他们共同的特点就是敢于去结交比自己优秀的朋友，哪怕之前自己曾是一介平民，是不入流的贩酒杀猪之类。因为他们相信：英雄不问出处。因此，他们敢于大胆地去表现自己。一旦他们结交了那些优秀人士之后，他们的形象开始改变，行为开始改变，命运也开始改变。

一位推销员曾经拜访一家企业的总裁。但是，当他进去后，无意中转身从门缝中看到这张名片被总裁扔进了垃圾桶。

这位推销员并没有就此离开，他打电话告诉总裁："我可以取回名片吗？"

总裁感到有些意外，接着便找借口说找不到他的名片了。这时推销员又拿出一张名片，很有礼貌地说："我将这张名片送给总裁先生，希望您保管好。"

正是这种机智和坚韧使得他成功地又获得了一次见面的机会，并最终获得了一份保险大单。

因此，制造与这些人物深入交谈的机会既需要深思熟虑，有意识地创造机会，也需要见机行事，迎难而上。

2. 设法与你崇拜的人接近

一条高端人脉的建立，往往胜过十条普通的人脉。与处于高端的人物正确交往，是拓展人脉的重中之重。

有一位初出茅庐的小伙子自创一套认识名流的方法。每次出差，尽可能地选择头等舱。尽管为此他需要支付大笔差旅费，但他却因此获得了可以和一流人士接触的机会。由于在飞机上空间相对封闭，又无事可做，所以对方通常都不会拒绝，可以好好聊上一阵。

通过这种方式，他认识了不少顶尖人物，对他后来事业的发展提供了非常巨大的帮助。

当然，你还可以将你所在城市的著名人士列出一张表，再将会对你的事业有所帮助的人也列出一张表，之后就是每星期去结交一位这样的人。如果你在拓展人脉过程中有幸结识了一些大人物，如政府高官、公司总裁、媒体精英等，一定要注意把握好这些人脉，适当利用。

3. 表现自己优秀的一面

即便是优秀人物也不是对谁都肯施舍友情的，毕竟他们的时间有限。因此，要学会换位思考，想一下他们凭什么愿意和你交朋友，你能给他们带来什么好处。

在拜访他们时要尽量表现自己优秀的一面，让他们发现你的独特之处，或者是趣味相投，或者是能给他带来快乐，或者是感觉你有潜力可挖等。总之，首先要让他们看中你，他们才会想办法帮助你。帮助你不但能使对方感到高兴，而且也会鼓励你，让你有战胜困难的勇气。

4. 注意双赢的心态

凡是结交优秀人物的人，大都是想从他们那里得到帮助的。可是，若是你一直在他身边谈自己的利益，会让他认为你唯利是图。而如果你在他面前从来不谈利益，也会让他对你产生戒心。因此，最好的办法就是让对方听到或看到你所做之事与他有着紧密的利益关系。如果你能以双赢的心态跟他交流，那是再好不过了，他会觉得你这个人比较实在。

5. 多听少讲

与优秀人物交流时，你当然可以以合适的方式引导他们说一些你最关心的话题。但是，千万不要抢话，要把时间留给他们，这样他们会觉得你懂规矩、彬彬有礼，而且你也可以学到更多的东西。

6. 少在别人面前炫耀你们的关系

当然，结识优秀人物往往会引起别人的关注。如果你此时嘴上没有把门的，经常吹嘘自己和大人物的关系如何密切，就会让大人物反感，认为你人品不好。如果得意忘形，以为就此可以攀龙附凤而不可一世的态度当然更不可取。因此，要注意处事低调。

总之，结交优秀人物是人之常情。因此，不用害怕别人的流言蜚语。与优秀的朋友交往是一种幸福，可以让自己得到更高层次上的、精神上的愉悦。在人生道路上如果能够多结交几个优秀的朋友，势必让自己的人生更精彩、更充实、更丰富。因此，拿出勇气和智慧，与优秀人物交往、沟通，不断地从内在和外在两个方面提升自己，总有一天，自己也会迈入优秀之列。

◆ 资源共享，取长补短

在20世纪30年代，英国送奶公司送到订户门口的牛奶既不用盖子也不封口。这样，就便宜了那些麻雀和红襟鸟。它们可以很容易地喝到凝固在奶瓶上层的奶油皮。

后来，牛奶公司接到用户的投诉后开始把奶瓶口用铝箔纸封起来。可是，不久仍然出现这种现象。原来，麻雀仍能用嘴把奶瓶的锡箔纸啄开。然而，红襟鸟却一直没学会这种方法。

这是为什么呢？原来，麻雀是群居的鸟类，当某只麻雀发现了啄破锡箔纸的方法，就可以教会别的麻雀。而红襟鸟则喜欢独居，更不喜欢沟通。因此，就算有某只红襟鸟发现锡箔纸可以啄破，其他的红襟鸟也无法知晓。

不可否认，实际生活中，作为一个理性的人，谁都不愿意甘冒风险而为他人带来好处。如果是这种情况，独享的结果只能是退化，其结局必然是整体利益受到损害。

在为人处世的博弈中，有这种封闭自私心态的人不妨学一下猎鹿博弈的故事：

在古代，村庄里有两个猎人。当地的猎物主要有两种：鹿和兔子。如果一个猎人单兵作战，一天最多只能打到四只兔子。只有两个猎人一起去才能猎获一只鹿。从填饱肚子的角度来说，四只兔子能保证一个人四天不挨饿，而一只鹿却能让两个人吃上十天。这样两个人的行为决策可以形成两个博弈结局：分别打兔子，每人饱食四天；合作，每人饱食十天。

显然，两个人合作猎鹿的好处比各自打兔子的好处要大得多，但是这就要求两个猎人的能力和贡献须相等。如果一个猎人的能力强、贡献大，他就会要求得到较大的一份，这可能会让另一个猎人觉得利益受损而不愿意合作。因此，在为人处世的博弈中要学会充分照顾到合作者的利益，与对手共赢。

米歇尔是一位刚刚在电视上崭露头角的青年演员，他需要有人为他包装和宣传以扩大名声。不过，要建立这样的公司，米歇尔拿不出那么多钱聘用高级雇员。

偶然的一次机会，米歇尔遇上了莉莎。莉莎在纽约一家公关公司，但她很不得志。一些比较出名的演员、歌手、夜总会的表演者不愿意同她合作，因为信不过她的能力。

但是，米歇尔和莉莎相遇后，两人都坦诚地说明了自己的优势和劣势，以及目前困扰自己的问题。结果，他们发现，两个人结合起来就可以弥补自己的缺陷。米歇尔相比莉莎之前代理的小零售店主不知高出多少档次。和米歇尔合作，可以提高莉莎的地位。而莉莎娴熟自如的公关手段可以弥补米歇尔在这方面的不足，关键是不用米歇尔投资，一切都是莉莎运作。于是他们一拍即合，把两个人拥有的资源都无偿贡献出来，重新排列组合。结果，他们的合作达到了最佳境界。莉莎让自己熟悉的那些较有影响的报纸和杂志把眼睛都盯在米歇尔身上。

这样一来，两个人的优势互相结合，米歇尔借助莎莉提供的媒体平台马上出名了；而莉莎呢，借助米歇尔的实力和名气构筑的平台，收入和声望也都得到提高，一些有名望的人纷纷邀请莉莎做他们的代理人。这样一来，两个人随着名声的增长，在娱乐圈始终处于有利的地位。

在当今市场条件下，一个人能否取得成功，不在于拥有资源的多少，而在于整合资源的能力。任何一个人、一个组织都不可能具备所有资源。你可能有技术而没有好的项目，你也可能有好的项目而没有资金，你还可能懂经营、会管理而没有资金、技术和项目，因此，学会资源共享和整合就显得特别重要。

人与人之间，团队与团队之间，国家与国家之间，只有通过联盟、合作、参与等方式才能使他人资源变成自己的资源，增强竞争能力。只有资源共享才会有合作，只有好的合作才会有更好的发展。目前在世界上比比皆是的企业强强联合就很接近于猎鹿博弈，跨国汽车公司的联合、国内宝山钢铁公司与上海钢铁集团强强联合等均属此列，这种强强联合带来的结果是资金更雄厚，生产技术更先进，在世界上占有的竞争地位更优越，发挥的影响更深远。

在宝钢与上钢的强强联合中，宝钢有着资金、效益、管理水平、规模等各方面的优势，上钢也有着生产技术与经验的优势。两个公司实施强强联合后充分发挥各方的优势，搭建了一个更大的平台，两个公司也可以在更高的起点上超越自我，超越行业对手，发掘更多、更大的潜力。

在人生的博弈中，不论你面对的是恶劣的自然环境还是激烈的市场竞争，一定要提升自己的合作能力和资源整合的能力。只有把自己的资源与他人充分共享，才能取他人之长补己之短，才能互相构筑起一个更高的平台。这样一来，双方都可以在这个高起点的平台上实现跨越和腾飞。这也是博弈最终要达到的目的。

◆ 借得春风灌绿洲

有经济学者说："实力不够，就自己做车厢，挂人家的火车头。"在人生的博弈中，有些事情自己看来难如登天，在别人眼中却易如反掌。这个时候，我们要学会如何借助别人的力量，顺利实现自己的愿望。

为人处世中，也需要善于借助他人的优势。当然，这是一件依赖于技巧和判断力的事。因此需要掌握借的艺术。

1. 清楚需要借什么

重要的是，你需要借的东西是自己不具备，而且是急需派上用场的。如果你借的是对自己无用的东西，别人会怀疑你别有用心；如果你借来不是急用的东西，那就降低了他人资源的使用率。因此，明白这两点是借的最基本、最必要的条件。

2. 明确借的对象

在你的人脉网中，肯定有很多优秀的人。可是，并非那些优秀的人都肯向你提供帮助，那么，什么样的人才能帮助你呢？这就需要明确借的对象。

许多大学生在毕业后想要创业，于是便找风险投资商去融资，这无疑是向和尚借梳子——找错了门。这些风险投资商一般关注的都是高科技、高利润、回收快的项目。大学生多是白手起家、小本创业，创业门槛低，大多数都没有什么高科技可谈。因此，找这些风投去借钱成功率很低。

因此，如果找对自己要借的人，那么可以说是成功一大半了。

3. 讲究借的方法

借，也要讲究借的方法。比如，有的人天生就不会说"不"，对这样的人，不必用任何手段与心机。而对于那些口口声声说"不"的人，则需要花费你的心智和谋略。与这类人交往的时候，时机的选择很重要。比如在他心情愉快的时候说出你的请求。

4. 掌握借的分寸

借，当然不能狮子大开口，但是也不能因为要借对方的资源而对对方言听计从，失去自我。在这方面，英女王伊丽莎白很巧妙地掌握了这个艺术。

伊丽莎白作为英国最高的统治者，在妙龄时期一直未婚，因此成了许多国家王公贵族们追求的对象。

当时，英国与西班牙发生了领地归属问题，英国需要和法国结盟。当时，法国国王的两个兄弟都年轻英俊而且未婚，他们也有意于伊丽莎白。因此，英国人也认为这是女王婚嫁的大好机会。

而事实是，伊丽莎白一直巧妙地在这两个兄弟间周旋，既让他们每个人都抱有殷切的希望，让他们围绕在她周围听她的调遣，但又没有任何实质举动。直到英法两国签订了和平条约，伊丽莎白才很礼貌地拒绝了他们。

至此，两兄弟才明白伊丽莎白是借助了他们的力量来说服哥哥和英国结盟。但是，木已成舟，悔之晚矣。

伊丽莎白巧妙地借助对方的力量，既没有让自己委曲求全，又为自己的国家化解了危机。

总之，在人生的博弈中，只要你头脑灵活，善于思考，就能成功借助外部的力量，不但能顺利达到自己的目的，也会赢得多方皆大欢喜的局面。

◆ 借助对手的力量

借，不仅可以向自己的亲朋好友借，向志同道合的人借，也可以借助对手的势力和资源。特别是当对手比你强大时，要善于顺水推舟，借梯登高，化解危机。

唐玄宗时，姚崇和张说同朝为相，两人经常明争暗斗，互不相让。

后来，姚崇患了重病，日甚一日，知道自己不久于人世，担心张说报复自己的儿孙，临终前就把几个儿子叫到床前，说："有些话必须跟你们说一下。张丞相与我同朝为官多年，言来语去，多有摩擦。一死万事休，这对我没什么，但如果他罗织罪名，我一旦获罪，肯定会株连你们。"

几个儿子听后心情很不爽，于是问父亲应该怎么办？姚崇缓缓说道："我死以后，张丞相必以同僚身份前来吊唁，你们多拿一些我平生喜欢的东西，如各种宝器陈列到帐前。如果他看不到这些东西，恐怕全家人都会遭到他的迫害；如果他注意这些东西，你们就将这些东西送给他，然后请他撰写我墓碑的碑文。得到他写的碑文以后，立即就上报给皇帝，并先将石料准备好，尽快镌刻。这样就盖棺论定谁也改变不了了。"

儿子们一听，父亲言之有理，因此在姚崇死后依计而行。开始，张说得到了自己喜欢的宝器很是满意，为表感激也答应了为姚崇撰写碑文，当然免不了赞扬一番。可是，一寻思又觉得不对，姚崇与自己素来相争，怎能突然大发慷慨之心呢？等他醒悟过来并前来索要自己所写的碑文时，得到的回答是：生米已做成熟饭，皇帝都同意了。张说因此后悔不已。既然皇帝都对姚崇的碑文认可了，自己怎能推翻这些，冒天下之大不韪呢？

姚崇的聪明就在于善于借助对手的力量，"因人之性，借人之手"，达到制人的目的。

在人生的博弈中，每个人都不会处处全于优势地位，即便自己能处于暂时的优势也不能保证自己的子孙后代都能处于优势地位。当我们面对着自己的优势丧失，对手会乘机反扑的时候，要明白自己有哪些可以让对手利用的资源，投其所好，或者借助第三者来制衡对方。这样，就可以化解即将面临的困境。

从前有一个妇女想和情人一起，于是想方设法陷害她丈夫。一天，她的丈夫要出远门。这个妇女觉得在路上下手神不知鬼不觉，于是就骗丈夫说："你要到远方去，我为你制作了许多你爱吃的甜饼子。你如果在途中饥饿就可以食用。"

丈夫感到妻子很体贴，一番恋恋不舍地告别后，就踏上了旅途。

不知不觉，天色已晚，这个男人就决定在树林里夜宿。因为害怕夜里猛兽攻击，他爬上树，到一个高处的树洞中去睡。可是，却把包裹中的甜饼子忘在了树下。

这天夜里，正巧有一群盗贼偷了国王的马和许多宝物，逃到树林里。由于仓皇奔逃，一路上又渴又饿，在树下见到了甜饼子，每人分了一个吃了。没想到这些盗贼不一会儿全部都被毒死了。

天亮后，这个人从树洞里出来，爬下树一看，一群强盗全部毙命，他很奇怪。看看甜饼子一个也没留下，他又有些疑惑。

这时，国王正带着兵马根据盗贼留下的足迹追赶过来，国王看到强盗毙命，十分高兴，于是，不但赏赐了这个人许多珍宝，还封给他一个村落享受供奉。当然，这个人也休掉了妻子。

有时，能力强的人不一定就能胜出，处于劣势的也不一定就无出头之日。就看你善借不善借。即便是你的冤家对手，说不定也会帮你的大忙。故事中这个人就是在无意中让妻子的歹心帮了他的忙。这就是混沌博弈的另一面。因为万事万物都是有联系的，假如有第三方制衡，对手的计谋就不一定能实现。也许会成为你命运的转机。

当然，像这种偶然的幸运是很少的，因此，当对手的资源繁多的时候，还需要你审时度势、巧谋善断。

在中国历史上，懂得借助竞争对手智慧的人不在少数。最典型的是清朝的孝庄太后借助多尔衮的势力。虽然野史把孝庄太后与多尔衮演绎成敢于叛逆的情投意合的有情人，但是，历史绝不是这么简单。

清朝顺治年间，年幼的福临在北京登基后，野心勃勃的多尔衮从来就没有放弃过自己的称帝梦想。因此，年轻的孝庄皇太后忧心忡忡。多尔衮能征善战，政治经验丰富。他利用手中的军政大权结党营私，打击异己，大皇子豪格被幽禁致死，济尔哈朗一夜之间就成了草民。眼看福临的帝位岌岌可危，孝庄太后怎能不担心？以他们孤儿寡母的力量，要想牵制多尔衮难上加难。

怎么办？面对这种情形，孝庄做出了惊人之举——下嫁多尔衮。就这样，摄政王多尔衮成了幼帝的继父。皇太后公然下嫁后，多尔衮一时忽略了志在必得的无上皇权，全力辅佐年少的皇帝。孝庄皇太后以此举保证了母子平安，也保持了朝廷政局的稳定。

对孝庄太后来说，多尔衮虽然英俊强悍，但是，她追求的不是浪漫的爱情，而是从权力博弈的角度考虑的权衡，是"小猪"借"大猪"来化解危机的博弈之道。与多尔衮联姻，既能消除政治上最大的竞争对手，又可以借助对手的实力稳固自己的地位。

顺治七年十一月，多尔衮因打猎跌伤后，马上就被人告发要谋逆。因此，顺治和孝庄一不做二不休，马上对多尔衮治罪。至此，再也没有外在力量威胁顺治的皇位了。

孝庄病死后，也许是因为觉得下嫁愧对前夫，没有与其合葬，遗命葬于东陵，但是，在清朝的历史上，在女性政治家中，孝庄太后无疑是审时度势、智慧果断的人物。

　　也许你会说，孝庄这是感情博弈，利用了女性的优势。其实，不论男人还是女人，运用感情的力量在博弈中都是不可忽视的。即便在借助对手的资源和实力时，如果你能用感情征服人心，也会赢得命运的转机。虽然大多数人的行为都有目的性，都是为了得到一定的利益，但毕竟，人类是感情动物。

　　在韩信和刘邦的那场君臣博弈中，韩信之所以不背叛刘邦，是念刘邦对他的恩情而不忍。刘邦深知自己的缺点，知道自己的能力有限，就必须借助其他人的能力。因此，刘邦不爱金钱、不惜封赏。这些都深深打动了部下。当别人劝韩信谋反时，韩信念及刘邦对自己的厚爱，竟然不忍下手。在韩信看来，自己所得到的都是刘邦给的，自己欠刘邦的，因此一直惦记着如何报答刘邦，更不用说回去反刘邦。如此，在下一次的合作博弈中，刘邦在感情上就占了先机。

　　由此可见，要借助对手的实力除了利益外，也可以运用情感的力量来打动对方。一旦人心被打动，帮助你也就是自然而然的事了。

　　总之，人的一生，谁都难免会碰到一些左右为难的困境，不论是在感情的选择上还是在事业的选择上。此时，要冷静考虑。当自己或者自己的同盟军都没有什么可以支持帮助你的时刻，不妨借助对手的力量。当然，这种选择的前提是以大局为重，充分权衡各方得失，而不是感情用事。

　　当然，借助对手的力量在于提高自己的实力，只有提高自己的实力才能制衡对方。即便当时的结果不能称心如意，也能一步步地摆脱困境，日后总有反败为胜的机会。那么，当竞争的各方都足够重视你的存在和你的意见时，你的影响力也就提升了。此时，你就成为强势的一方，博弈局势会向着有利于你的局面而转变。也许他人反而要借助你的优势了。